NEUROBIOLOGIA DEL INTELECTO

LIBRO NOVENO

EL PROCESAMIENTO DE LA

INFORMACIÓN INTELECTUAL

ENSAYOS
NEUROEPISTEMOLÓGICOS

YURI **Q.** ZAMBRANO, M.D.

2014

EDITORES

NEUROBIOLOGÍA DEL INTELECTO
LIBRO NOVENO: "EL PROCESAMIENTO DE LA INFORMACIÓN INTELECTUAL"

Primera Edición.

EDITORES
(E-mail: neuronalself@gmail.com).

International Standard Book Name:
ISBN 978-1-291-83738-4

IMAGEN EN PORTADA: " *SAILING WITHIN THE NETWORK* **"** Concepto para título concebido por el autor, basado en principios Hebbianos y de Retropropagación.

Diseño e Impresión: NBI Editores

Impreso en México.

Arial 12 pts. mayor parte del texto y Bibliografías en Times New Roman, 10 pts. Títulos y estilo acordes a convenciones generales. Gráficas debidamente reseñadas y bibliografiadas, según derechos internacionales de autor.

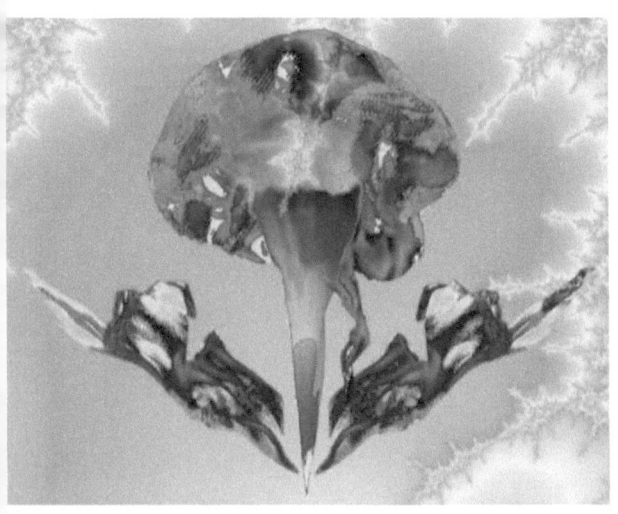

¿Cuándo comienza el
aprendizaje?

Hay una brecha
considerable entre conocer
el nombre de las cosas,
re-conocer el nombre de
esas cosas,
y entender finalmente
tales cosas.

Cuando creemos
comprenderlas,
apenas nace el concepto.

A todo eso,
hay que darle vueltas
constantemente!

Tenochtitlan,
Enero 22, 1989.

Le Faux Miroir, 19 x 27 cm. Óleo sobre tela.
Museo de Arte Moderno de Nueva York
René Magritte, 1928

Contenido

LIBRO NOVENO

EL PROCESAMIENTO DE LA INFORMACIÓN INTELECTUAL

MÓDULO 32

EL CENTRO DE MÚTIPLES CORRESPONDENCIAS

MÓDULO 33

REDES NEURONALES QUE SON IMPRESCINDIBLES

MÓDULO 34

BOX 9.1

PROEMIO PARA LA EDICION TOTAL

Después de mucho considerarlo y ponderar si "Neurobiología del Intelecto", — un tratado sobre el devenir de la neurobiología y sus aplicaciones a las funciones cognitivo-intelectuales y concienciales—, debería ser fraccionado; se decidió realizar la edición de esta apoteósica obra - con más de 1500 hojas (en A4) -, integrando publicaciones más breves. Es decir, volúmenes con exégesis a manera de *epítomes* o compendios como si fueran excerptas que pudiesen ser digeribles y más abiertas al lector interesado en dilucidar los enigmas que la neurobiología nos ofrece, para entender, el cómo se estructura el curso del pensamiento intelectual.

Originalmente la obra, fue finalizada hace 10 años, en más de 64 módulos con apéndices algorítmicos que sustentan la teoría de la epistemología neuronal (TEN). Estos módulos, obedecen a la nueva perspectiva de procesamiento neuronal, basada en modelos distribuidos, donde la información es procesada jerárquicamente en columnas neuronales; siguiendo además, los cánones de reverberación sináptica Hebbiana, útiles para consolidar los procesos de memoria y aprendizaje.

La obra está dispuesta en cinco partes, dividida didácticamente en módulos, iniciando desde conocimientos muy superficiales hasta la explicación de complejos mecanismos de procesamiento neuronal que se dan en las funciones de alto orden conciencial.

Así pues, la primera parte relaciona a la infraestructura del pensamiento, describiendo la función integral molecular de la neurona hasta los mecanismos que se utilizan para generar información coherente y sincronizada produciendo actividad intelectual. La segunda y tercera partes, tratan sobre fisiología y dinámica neuronal integrativa, desde la función biofísica de canales iónicos y la liberación de neurotransmisores, hasta la explicación de la integración de redes neuronales por mecanismos de retropropagación y algorítmicos. Las dos partes finales, contienen módulos de función cerebral superior como mecanismos de memoria e integración conciencial, describiendo la actividad neuronal que subyace en los estados amplificados de la conciencia, y también en los estados básicos de conciencia.

En esta colección de volúmenes, el autor, en comprometida recopilación, busca la actualización de sus bibliografías con casi 30 años de estudio en el tema, y además orientándolo por primera vez en español, hacia la Neuroepistemología; recurriendo al método científico, a la investigación en conciencia y a las redes neuronales que la generan; completamente analizadas desde el punto de vista de la TEN.

Este trabajo se presenta como una alternativa inicial, útil para diversificar el pensamiento y abrir opciones de búsqueda a nuevos investigadores que objetivamente, conforman la substancia de la esperanza humana.

A continuación la *summa neurobiológica* original, de la que se desglosarán las exégesis pertenecientes a "Neurobiología del Intelecto".

YURI ZAMBRANO

4. "EN BUSCA DEL PENSAMIENTO PERDIDO..." Algunas Disquisiciones sobre La Frenología y La Topografía Cortical

Módulo

12. Aproximaciones al Estudio de la Fisiología Cortical
13. El Mapeo Cortical como Herramienta en la Comprensión De La Función Cerebral.
14. Estratificación Cortical y Corticogénesis
15. La Artesanía Cortical y la Emergencia de las Funciones Cerebrales Superiores.
16. Asimetría Hemisférica
17. Cómo se genera la imagen mental

- PARTE II -
LA DINAMICA NEURAL

A. IMPLICACIONES PARA UN MECANISMO OPERACIONAL

5. ONTOGENIA DE LOS SENTIDOS Y SUS VÍAS DE PROCESAMIENTO
El procesamiento de las sensaciones
Módulo

18. La Génesis Para Cada Uno, Tiene Sentido.
19. Las Vías De Procesamiento Sensorial
20. Cómo Actúan

6. APOPTOSIS Y MUERTE NEURONAL.
(Vida, Obra y Realidades De Un Sistema Neural)

Módulo

21. La Regeneración Neuronal y Las Perversiones Neurotróficas
22. La Totipotencialidad Celular y el Recambio Neuronal
23. El Sacrificio Neuronal Programado
24. La Diversidad Terapéutica de la Regeneración Neuronal

B. DE LA CONFLUENCIA DE LOS ELEMENTOS

7. DE LOS IONES A LA MEMBRANA.

Módulo

25. El Movimiento de Iones y La Generación Del
Potencial De Acción
26. De Los Fundamentos Integrativos Para la
Comunicación Neuronal.
27. Proteínas De Predominio Transmembranal Implicadas
en la Comunicación Neuronal.
28. La Crítica Señalización Intracelular

8. ATENCIÓN: SINAPSIS TRABAJANDO

Módulo

29. Componentes Electroquímicos De La Sinapsis
30. Liberación De Neurotransmisores
31. Modulación Presináptica e Integración Neuronal

- PARTE III -
REDES NEURONALES

9. EL PROCESAMIENTO DE LA INFORMACIÓN INTELECTUAL

Módulo

32. El Centro de Múltiples Correspondencias
33. Redes Neuronales que son Imprescindibles
34. Importancia de los Neurotransmisores en la Modulación
de las redes neuronales

10. QUÉ ES UN MODELO NEURONAL.

Módulo

35. De La Neurobiología Experimental Clásica a la
Yoctocomputación
36. El modelo Neural del Proceso Matemático
37. Modelos Alternos De Procesamiento
en las Funciones Cerebrales Superiores

11. HACIA UNA NUEVA CONCEPCIÓN DEL PROCESAMIENTO NEURONAL

Módulo

38. Conceptos Clásicos
39. Conexionismo
40. El Modelo Conexionista para
    acceder a la Fenomenología de la Conciencia
APENDICE ALGORITMICO DE LA TEN
(Incluye Sub-Apéndice Cuántico)

- PARTE IV -
LAS APLICACIONES DE ALTO ORDEN

12. BASES MOLECULARES PARA GOZAR DE UNA MEMORIA SORPRENDENTE

Módulo

41. Bases Neurofisiológicas y Moleculares
    de la Memoria
42. El Papel De Los Promotores Genéticos

13. LOS SISTEMAS DE MEMORIA Y LAS CORTEZAS DE ASOCIACIÓN

43. Sistemas De Memoria y sus Mecanismos
    de Almacenamiento y Recuperación
44. Su Relación con el Lóbulo Temporal
45. La Corteza Prefrontal

14. DEL OLVIDO AL NO ME ACUERDO
(Memoria Emocional y Afectiva)

Módulo

46. La Integración de la Respuesta Emocional
47. La Memoria Y Las Hormonas
48. Las Emociones: ¿Se Archivan? O Se Descartan...

15. HABLANDO SE ENTIENDE LA GENTE

Módulo

- PARTE V -
NIVELES DE CONCIENCIA Y COGNICIÓN

16. CONCEPCIÓN NEUROBIOLÓGICA DE LA CONCIENCIA

Módulo

17. LOS NIVELES DE PERCEPCIÓN EN LA CLÍNICA DE LA CONCIENCIA

Módulo

18. LOS NIVELES DE LA PERCEPCIÓN EXTRASENSORIAL

Módulo

19. LA SUBLIMACIÓN DEL INTELECTO Y LA NEUROEPISTEMOLOGÍA.

Módulo

APÉNDICE X
SEX~cUALIDAD Y CEREBRO

Módulo

INTRODUCCION A LA OBRA EN PARTICULAR

LIBRO NOVENO

'EL PROCESAMIENTO DE LA INFORMACION INTELECTUAL '

Con la complejidad que brinda la comprensión de las miles de millones de probabilidades de comunicación que tienen las células nerviosas, es claro que un objetivo que implique la concreción de tales mecanismos operacionales requiere, mínimamente, la conjunción de sus unidades en una sola categoría.

Para que el cerebro jerarquice toda esta información, se debe contemplar irreductiblemente el concepto y la emergencia de mini y macrocolumnas celulares considerablemente indispensables o, por lo menos, asumirles como redes neuronales imprescindibles para la eficiente observancia de la calidad en la transferencia de la información, tanto intelectual como somatosensorial y neuromuscular.

Dentro de una red neuronal, o una columna promedio de la corteza cerebral, pueden operar entre 80 y 100 células. Entre ellas mismas existen códigos, pero también existen mecanismos de ecualización, en los que estas células excitables se adaptan al resto de oscilaciones de las demás neuronas para que toda la columna, transfiera de manera uniforme la información conferida.

Así pues, existen diferentes tipos de neuronas dentro de una misma columna, incluso en redes con células de alta especialización, sean neuronas inhibitorias, excitatorias o determinadas por la función de un neurotransmisor, o predeterminadas para responder sensorial o mecánicamente, o para implementar respuestas emocionales o de carácter conciencial.

La mayoría de las señales sensoriales, convergen en el tálamo, una estructura que sobrepasa la decena de núcleos neuronales, cuyas células especializadas se convierten en el mayor centro de relevo de información dentro del cerebro. Asimismo, el óvalo talámico se constituye como el centro codificador por excelencia para que se desarrollen actividades posteriores de respuesta motora y sus órdenes trasciendan en forma bidireccional hacia áreas corticales, e incluso hasta las terminales más lejanas de la médula espinal, haciendo viajar el impulso nervioso a través de motoneuronas con axones superiores al metro de longitud.

A lo largo de este texto, con el que se inicia la tercera parte de 'Redes Neuronales' de esta *Summa Neurobiológica,* se describen igualmente otras categorías de redes que son imprescindibles. Así, se describen aquellas columnas que ejercen gran influencia sobre el comportamiento afectivo del individuo, teniendo como tareas primordiales, modular el procesamiento cognitivo-emocional, ya que en las inmediaciones fronto-temporales, a través de la rama prosencefálica medial, encontramos estructuras de gran valía emocional como los núcleos septales y áreas frontales perilímbicas, además de sus conexiones con amígdala, corteza cingulada anterior e hipotálamo.

Otras redes que resultan imprescindibles, están constituidas primordialmente por el llamado Sistema estriatal-límbico-neocortical, que relaciona los ganglios basales con estructuras de procesamiento emocional y cognitivo; entre ellas, las mediadas por neuronas especializadas de la corteza y las áreas parahipocampales. También se puntualiza la importancia de la interacción de la formación reticular con estructuras bulbares y mesolímbicas, complejos neuronales que son esenciales para establecer funciones relacionadas con los niveles de conciencia y cognición, uno de los sustentos operativos de la Teoría de la Epistemología Neuronal (TEN) y punto medular de investigación de la propia neuroepistemología.

Por último, se describe la participación de los nervios craneales en la ejecución de tareas sensoriales y neurovegetativas, vitales para valorar estados clínicos de conciencia, así como la importancia innegable que tienen los sistemas de neurotransmisores y de algunos neuropéptidos en la modulación inhibitoria o excitatriz dentro del procesamiento ejecutivo, emocional y de alta cognición, que genera la actividad nerviosa en general.

EL AUTOR

DE LA PORTADA

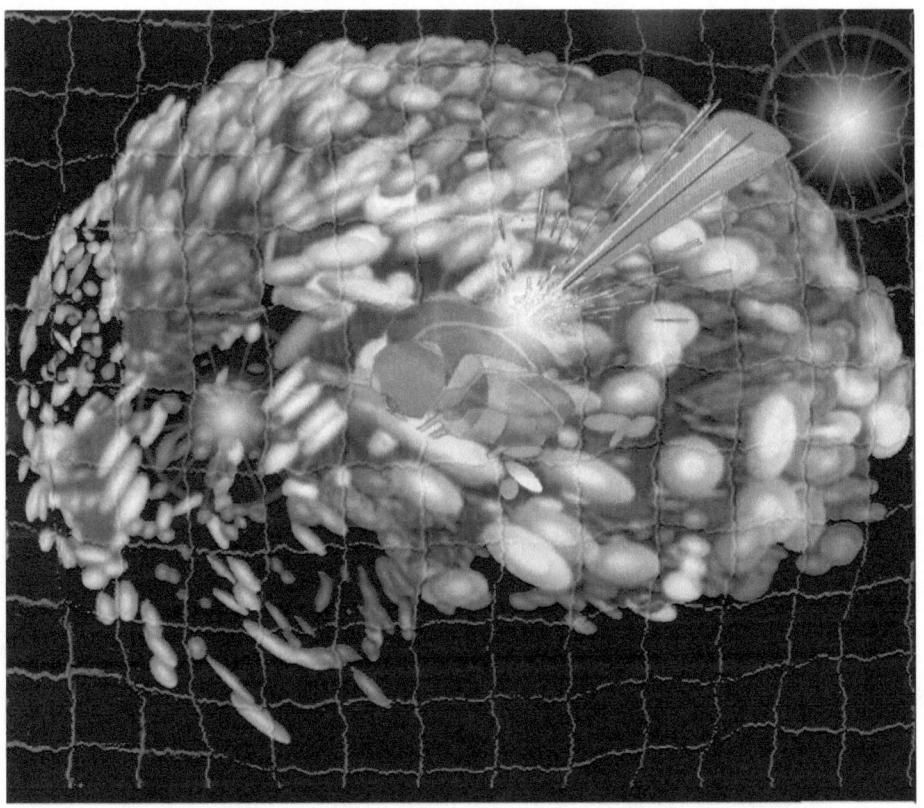

We have probably no reason to regret this,
because the thought of the great epistemological
difficulties with which the visual atom concept of
earlier physics had to contend,
gives us the hope that the abstracter atomic physics
developing at present will one day
fit more harmoniously into the great edifice of Science.

Werner Heisenberg,
discurso ante el comité Nobel,

Karolinska Institut, 1932.

Hoy, la evolución en redes, son parte del proyecto conectoma humano HCP (LONI-UCLA; GWU-Minn, etc), y la mayoría de imágenes se relacionan con tractografias del programa institucional BRAIN, (*Brain Research through Advancing Innovative Technologies*) como bibliográficamente se citó en los primeros dos libros de esta *summa neurobiológica.* En esta portada original, se esboza aun sin finalizar el concepto, hacia dónde se dirigían hace décadas las reconstrucciones tridimensionales de modelos cerebrales con patrones vectoriales.

Las elipsoides coloreadas individualmente, traducen la covarianza tensorial. Algunas elipses identifican la parametría multidireccional apreciable en diversas áreas corticales, mayormente observada en la corteza temporo-parietal e integrada por análisis probabilísticos bayesianos siguiendo un muestreo computacional, cuya transformación lineal estructura la configuración encefálica (A partir de Mazziotta et al, 2000). A la altura de un tálamo superpuesto, se ilustra didácticamente la incidencia del 95 % de una población vectorial (línea azul al centro del cono). El vector amarillo traduce la dirección de un eventual movimiento (Modificado de Georgopoulos et al, 1988). Recordemos que el tálamo es el centro codificador y un relevo obligado para ejecutar el gran porcentaje de la información nerviosa integrada a través de imprescindibles redes neuronales.

Georgopoulos AP, Kettner RE & Schwartz AB (1988) Primate motor cortex and free arm movements to visual targets in three-dimensional space. II. Coding of the direction of movement by a neuronal population. J Neurosci. 8:2928-37.

Mazziotta JC, Toga AW & Frackowiak RSJ (2000) Human Brain Mapping. The Disorders. Academic Press

Van Essen DC, Ugurbil K, et al: GWU-Minn HCP Consortium (2012). The Human Connectome Project: a data acquisition perspective.Neuroimage. 62(4):2222-31.

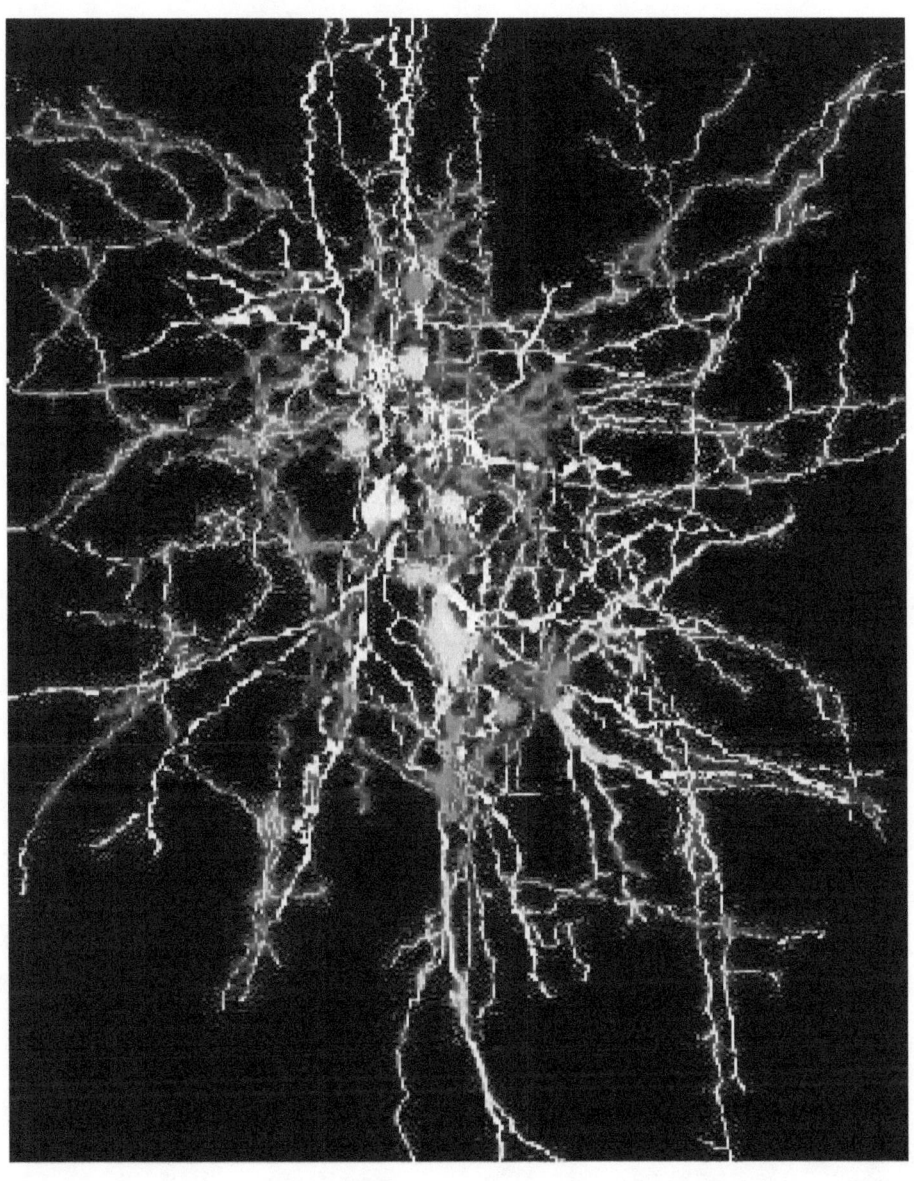

CREENCIA NEUROBIOLÓGICA

En algún espacio de *terra firme*,
al sureste de los lagos glaciares
del Sol y de la Luna,
Dentro del cráter del Volcán Xinantecatl.
(Noviembre 16 de 1996, 01:43 am.)

Creo en la sinapsis de Sherrington,
señora y dadora de vida
que procede
del cono de crecimiento axonal
y de la unión neuromuscular,
primera transformación
de lo invisible a lo visible,
proceso de expansión de un sistema.

Creo en la liberación de
Neurotransmisores,
nacida de la despolarización neuronal
antes de la inhibición presináptica
y en los eventos que la componen.
Efecto de efectos moleculares
Luz de luz,
engendrados no creados
de la misma naturaleza biológica
de los ácidos nucleicos,
por quien todo fue hecho;

Que por nuestra salvación
fue crucificada en tiempos apoptóticos,
y por obra evolutiva,
fue ascendida a unidad neuronal,

sentándose a la derecha de la ciencia,
y de nuevo vendrá con gloria
para juzgar a crédulos y escépticos,
y su reino no tendrá fin.

Creo en la santa coherencia neuronal,
que procede de una armonía
sincrónica,
que por los dos anteriores
recibe comandos genéticos
predeterminados,
adoración y gloria,
dedicación y sustento;
y que habla por nuestros
comportamientos.

Y en la Neurobiología
que es una santa,
científica y apostólica
confieso que hay varios textos
para el perdón de nuestra ignorancia
esperamos la resurrección del
entendimiento
y la conversión del mañana
en prehistoria

Amén.

ACRÓNIMOS

Ach: Acetilcolina
AMS: Area Motora Suplementaria.
ARVO: ArcoReflejo Vestibulo-Ocular
AVT: Area VentroTegmental.
CCA: Corteza Cingulada Anterior.
CE: Corteza Entorrinal.
COF: Corteza OrbitoFrontal
CPFDL: Corteza Prefrontal DorsoLateral.
CPM: Cortex premotor.
CPP: Corteza Parietal Posterior.
GABA: Acido γ Amino-Butírico
M1: Corteza Motora Primaria
NA: Núcleo Anterior
NDL: Núcleo DorsoLateral
NDM: Núcleo DorsoMedial
NGL: Núcleo Geniculado Lateral
NGM: Núcleo Geniculado Medial
NIL: Núcleo IntraLaminar
NLP: Núcleo Lateral Posterior
NPV: Núcleo ParaVentricular
NVA: Núcleo Ventral Anterior
NVL: Núcleo Ventral Lateral
NVPL: Núcleo Ventral PosteroLateral
NVPM: Núcleo Ventral PosteroMedial
PCS: Pedúnculo Cerebeloso Superior.
S1; Area primaria sensorial.
SNpr: *Sustancia Nigra Pars reticulata.*
TPP: Tegmento Pedúnculo Pontino.

XX

MENCIÓN REFERENCIAL

SIMULADOR DE RMN***

Las figuras de RMN en este libro, fueron didácticamente procesadas para una mayor ejemplificación de la función cerebral. Sus correlatos de estereotaxia son acordes con experimentos clásicos de neurociencias cognitivas.

Las ilustraciones educativas fueron íntegramente desarrolladas por el autor siguiendo las coordenadas clásicas (xyz) de J. Tailairach y P. Tournaux, identificando estructuras cerebrales claves. Para alcanzar tal objetivo, fue usado un software de simulación 3D, basado en ecuaciones de Bloch, Algoritmos y otras rutinas de procesamiento de imágenes, diseñadas por Alan C. Evans, Remi Kwan y Bruce Pike del Centro McConnell de Imágenes Cerebrales, asociado al Instituto Neurológico de Montreal y a la Universidad de Mc Gill, con el apoyo multidisciplinario de profesionales en Ingeniería biomédica, ciencias computacionales, física médica, neurología, neurocirugía, matemáticas aplicadas, ingeniería eléctrica y psicología, entre otras disciplinas.

Kwan RK.-S, Evans AC & Pike GB (1999) MRI simulation-based evaluation of image-processing and classification methods" IEEE Transactions on Medical Imaging. 18(11):1085-97.

Más información:
R. K.-S. Kwan, A. C. Evans, and G. B. Pike, An Extensible MRI Simulator for Post- Processing Evaluation, Visualization in Biomedical Computing (VBC'96). NOTAS EN: Computer Science, vol. 1131, Springer-Verlag, 135-140, 1996. Artículo disponible en versión *html*, postscript (1M).

9

For particles are continually streaming off from the surface of bodies, though no diminution of the bodies is observed, because other particles take their place... We must also consider that it is by entrance of something coming from external objects that we see their shapes and think of them.

Cartas a Heródoto (32 ,35)
Epicuro, 341-270 AC

"... all the elements of the cortex are represented in it, and therefore it may be called an *elementary unit,* through which, theoretically, the whole process of the transmission of impulses from the afferent fiber to the efferent axon may be accomplished."

Rafael Lorente de Nó, 1938

Módulo 32

EL CENTRO DE MÚLTIPLES CORRESPONDENCIAS

32.1 LA INTEGRACIÓN DE LA INFORMACIÓN

El cerebro y, en general, cada una de sus 10^{11} microestructuras funcionales tienen como tarea original, procesar la información, sin importar característica o cantidad. Su trascendencia se basa esencialmente en transferir, con la mayor refinación, los impulsos a su punto de interacción inmediata. En este caso, cada una de las áreas de estimulación, llámense somatosensorial o neuromuscular, tiene como fin entablar un diálogo directo con las partes externas y, cuando sea necesario, soslayar de manera inherente los medios de interferencia por los cuales se extraviaría la calidad de los datos.

El procesamiento como tal, obedecerá siempre a un modelo jerárquico, y estará supeditado a las situaciones de alto orden que ameritan una disposición neural estricta, hasta su acción directa con el medio exterior; como si fuera un tipo de nivel sensorial y, finalmente, la respuesta mecánica a un estímulo sensitivo, o como parte de una acción más especializada que dependa de un juicio mental.

> La información intelectual en el cerebro tiende a integrarse de manera jerárquica y modular.

La transferencia procesal de impulsos, en general, se lleva a cabo dentro de varias categorías que caracterizan el alto orden (Edelman & Mountcastle, 1978). Entre ellas, es sabido que tiene una disposición a varios niveles, traducida por la caracterización de diversas ondas cerebrales cuya señal es siempre, es indicada en cualquiera de sus grados. En el caso de que existiese una lesión local en uno de estos módulos, el objetivo final del procesamiento no se elimina, sino sólo se degrada. El mensaje interno a transferir será el reflejo de imágenes externas, teniendo como sustrato la renovación continua de representaciones centrales provenientes del medio. Tal reorganización dinámica goza de un reciclaje fásico de transmisión, que se cumple bajo estrictas medidas y cuyo acceso a la información tiene una especificidad muy particular (Ver Libros Redes Neuronales, de esta colección).

Un ejemplo clásico de este desarrollo es el de los mecanorreceptores, por la denominada vía de la asociación polisensorial. Ellos son los encargados de la señalización discriminativa en las terminales nerviosas distantes de la corteza y, por lo tanto, de mecanismos de adaptación lenta y rápida, como la selección de un objeto en un curso temporal de milisegundos, cuyo paso obligado por la médula espinal y la central talámica son determinantes para el establecimiento final de un evento sensoperceptivo (Zambrano, 2014 a)

Las redes neuronales que integran la mayoría de procesos sensorio-motores dependen de sus relevos tálamo

Otro modelo ilustrativo, e hipotéticamente didáctico, de la función motora y mayormente intelectual, estaría anexo indirectamente a la microcircuitería cerebelosa. Al cerebelo se le atribuyen varias funciones, como el equilibrio y las operaciones de aprendizaje elemental. Basta con decir que caminar erguidos y lograr la bipedestación son responsabilidades eminentemente cerebelares. Si recorremos cada una de las redes neuronales que esto implica, desde la función sensorial hasta la respuesta motora, podemos argumentar que la necesidad de mantener el equilibrio es parte de un orden de memorización que

4

incluye sensaciones mínimas como son las que están reguladas por el tálamo, y que llega a tener connotaciones de función cerebral superior y de procesamiento intelectual avanzado, incluido el de imágenes (Ivry & Fiez, 2000).

La micro circuitería tejida a partir de fibras nerviosas, es el principio estructural de las redes neurales.

Haciendo más énfasis en la relevancia de esta organización, se infiere que entran en juego interacciones anatómicas como las del complejo olivo - cerebelar y los pedúnculos cerebelosos, en particular, el enlace con el *brachium conjunctivum,* en la porción superior de los referidos pedúnculos, cuyas proyecciones terminan principalmente en áreas motoras y premotoras. Independientemente de las funciones, que se revisan con detalle en el capítulo 4, sobre la frenología y la topografía cortical, el arquetipo intelectual de la actividad premotora; es decir, la capacidad racional del individuo para enjuiciar una actividad posterior de carácter motor, tiene asimismo implicaciones en el desempeño tálamo-cortical de alto orden.

Por otro lado, existe una excelente cooperación de fibras nerviosas entre las vías pallidales-estriatales de los ganglios basales, áreas corticales frontales, el cerebelo y los núcleos talámicos (Mc Farland & Haber, 2000). A ello debemos sumar la interesante autopista nerviosa desplegada entre el lóbulo temporal y el denominado diencéfalo. Las conexiones con el sistema límbico son evidentes y directas, por ejemplo entre la amígdala y algunos núcleos talámicos, e igualmente son básicas las interacciones del fórnix o trígono entre el hipocampo y los cuerpos mamilares del hipotálamo, quien a su vez, recibe aferencias tegmentales y de la formación reticular, plagada de neurotransmisores que son fundamentales en los mecanismos de emoción para conectarse con el tálamo, y así ejercer dinámicas vinculadas con memoria y conciencia (partes IV y V de esta *Summa Neurobiológica*).

32.2 CODIFICACIÓN DE LA INFORMACIÓN TALÁMICA

Cinco modalidades críticas intervienen de manera preponderante en la codificación polisensorial talámica (Ver Fig. 9.1). Cada una de las áreas en cuestión es una unidad independiente, y difiere de las demás no sólo por su virtud fisiológica y estructural, sino por sus cualidades jerárquicas, que delimitan la función y organizan un rango prioritario para cumplir a cabalidad con los comandos cerebrales superiores, en especial en lo relacionado con la operatividad talamo-cortical.

El centro codificador por antonomasia en el cerebro, es el tálamo

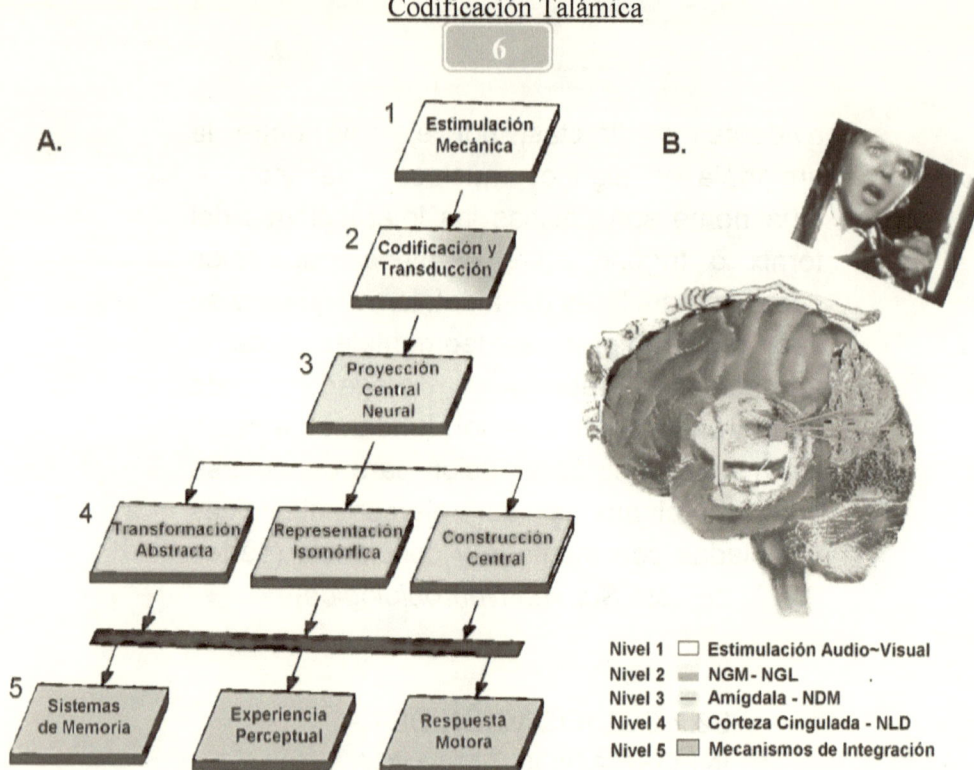

Fig. 9.1 Codificación Talámica en Funciones de Alto Orden. En A, es evidente que tras un contacto mecánico, exista una consecuente transducción y codificación del estímulo a través del tálamo. En el caso del tacto, hay retención de impulsos y procesamiento en receptores (adaptadores lentos de superficie), como parte de un proceso proyectivo central, el cual tiene como objetivo transformar esta información, almacenarla, decodificarla y producir una respuesta motora. En B, se sugiere un ejemplo aplicado de codificación sensorial del orden audio-visual (Nivel 1). Ambas vías de codificación por el tálamo se llevan a cabo en los cuerpos geniculados y en el pulvinar (Nivel 2). Del Núcleo Geniculado lateral (NGL) se envía el mensaje a la corteza visual, encargada de procesar datos retinales y codificar color, fondo, forma y movimiento de las figuras. En el campo coclear, la información espacial y tonal viaja a corteza (AB 41 y 42), a través del Núcleo Geniculado Medial (NGM) (vía amarilla). La proyección neural central (Nivel 3), es la resultante de la codificación de la emoción a proyectar (Miedo), que puede ser procesada en la amígdala e interactuar con el Núcleo dorsomedial, (NDM) talámico. Dentro del contexto de la subjetividad, tal emoción puede tener consideraciones abstractas de tipo premotor, al imaginar -tras una sensación auditiva- el acto que genera miedo. En el momento en que es canalizado por el NGL, existirá una representación objetiva de la causa que produce el miedo, y habrá construcciones centrales, resultado de una transformación selectiva (Nivel 4) en la que el Núcleo Lateral Dorsal (NLD) codificará los impulsos hacia corteza cingulada para discriminar el evento en categoría cognitiva, o emocional. El objetivo final de integrar estos datos es saber si la información se almacena en los sistemas de memoria, o bien si ésta se procesa únicamente de manera perceptiva y se responde con una ejecución motora desde áreas ventrales talámicas (Nivel 5). A partir de Romo *et al* 1991.

Por ello, la relatividad de la gráfica 9.1 ofrece, desde su fracción original, una aproximación a esas cinco categorías de codificación existentes en el procesamiento somato-sensorial y en lo fundamental, a los eventos mecánicos que estimulan los campos receptivos de piel y manos, involucrados en la representación cortical de la discriminación táctil (Romo *et al*, 1991).

Sin embargo, dado que el intelecto en general es una tarea integrativa del sistema nervioso que interesa otras categorías, se propone un caso que puede ser parte de la cotidianidad participativa de varias estructuras cerebrales relacionadas con la emoción.

La memoria emocional, constituye una red neural imprescindib le para la integración de la conciencia operativa.

Dentro de los conceptos de memoria emocional se justifica la presencia de los sistemas de archivo y recuperación mnésica, hormonas, neurotransmisores y principalmente algunos catecoles involucrados en este tipo de manifestaciones. Para el objetivo de tal concordancia, se proponen las vías adaptativas, que bajo ese mismo paradigma, se concreta a partir de las inferencias de V.B. Mountcastle y R. Romo, ajustándose a las demás áreas corticales. Así, se puede referir que una sensación lógica del animal, como es el miedo, puede desencadenar actividad motora, tras una serie de funciones codificatorias en las que el concurso del tálamo resulta imprescindible. En ellos, las tareas de alto orden como memoria, atención, discriminación y otros fenómenos premotores, fundamentan la dinámica ejecutiva que se aprecia en el último nivel del diagrama; cuyos mecanismos de integración pueden ser aplicables a diferentes organizaciones, y podrían perfilarse como una estrategia paradigmática para sortear los planteamientos de conciencia operativa (*Cfr.* Cap. 17).

32.2.1 INTERCONEXIONES NEUROANATÓMICAS

Las múltiples conexiones talámicas han sido discutidas durante siglos y todavía tienen muchos más datos por revelar.

Al aragonés Santiago Ramón y Cajal se le acredita la primera descripción sustentada de las fibras aferentes procedentes del tálamo hacia la corteza [1 y 2]. Sus estudios sobre la circuitería intrínseca del mismo fueron entregados progresivamente en los albores del siglo XX, en una serie de cortos reportes que finalizaron con la célebre obra *Estudios Talámicos*, en 1903, y antes de que entregara el corolario de su obra magna *Textura del Sistema Nervioso del Hombre y los Vertebrados*, hacia 1904 (Ramón y Cajal, 1900, 1902 a, b y 1903), en el que se

---

[1] Cajal SR (1891) Sur L'estructure de l'ecorce cérébrale de quelques mamiferes. *La cellule. Tomo VII, 1er Fascicule. 125-76.*

[2] Más de un siglo antes, Iuriy Prochascka sugería ya, dentro del *sensorium comune* (*Cfr*. Cap. 4), una estructura talámica mediadora, con probables interacciones reflejas de comunicación, que incluían funciones concienciales para el alma, y también cognitivas para el cuerpo (Prochascka I, 1784). Cit In: Marshall & Magoun, 1998.

concretan algunas ideas sobre la trascendencia de los relevos talámicos en las vías auditiva y visual. No obstante, la descripción de F. Nissl[3], años después, otorga los lineamientos generales para comprender el óvalo talámico como un punto de continua mediación compuesto por núcleos a los que llegan aferentes de estratégicas partes del sistema nervioso, y cuya función primordial es enviar impulsos a varias áreas del neocortex, corteza cingulada anterior, corteza prefrontal y ganglios basales.

Tal y como se muestra en la figura 9.2, pedagógicamente se ha dividido el tálamo en las partes anterior y posterior, con núcleos ventrales y dorsales, laterales y mediales. Además de los intralaminares, está el pulvinar, con interacciones de procesamiento audio-visual y reticular (NR), importantísimo en las funciones mentales de alto orden, actividad atentiva y conciencial.

Su parte anterior, otorga el nombre al *grupo nuclear anterior*, que recibe la aferencia

Los núcleos talámicos son conjuntos de neuronas especia lizadas en

de cuerpos mamilares e hipotálamo a través del fascículo mamilo-talámico, también llamado de *Vic d'Azyr*.

[3] El histólogo F. Nissl, hizo grandes contribuciones realizando experimentos en conejos. Fue en ese modelo donde se cimentaron las bases de la actual comprensión de los múltiples y esenciales núcleos talámicos. Nissl F. (1913), Die Grosshirnanteile des Kaninchens. *Arch. Psychiatr. 52:867-793.* Cit In: Jones E.G. 2002.

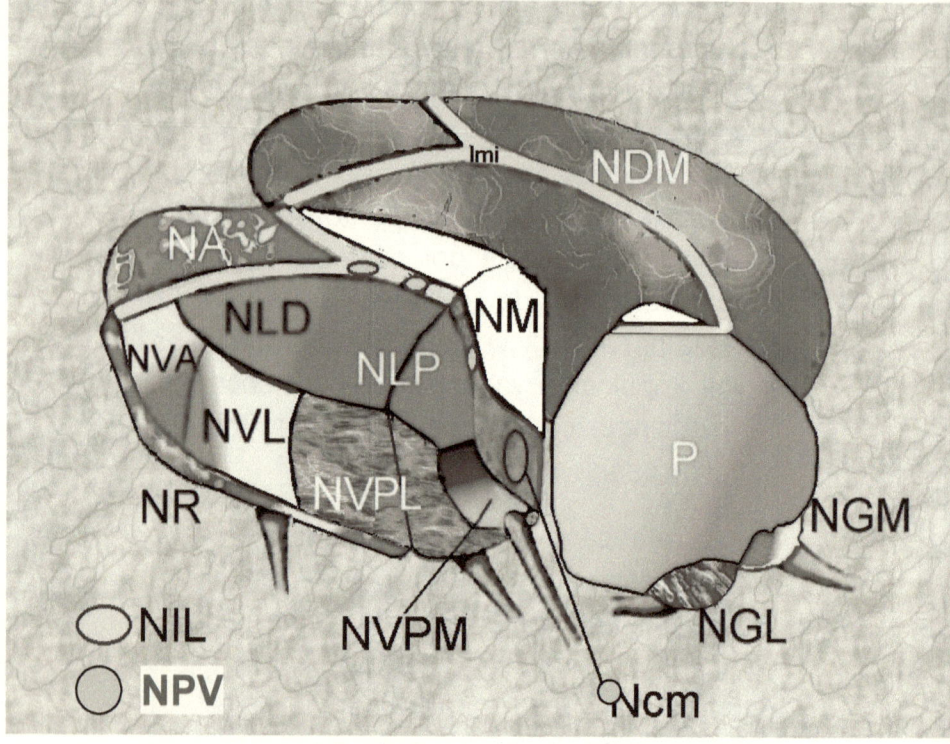

Fig. 9.2 Núcleos Talámicos. Núcleo Anterior (NA), Núcleo Ventral Anterior (NVA), Núcleo Ventral Lateral (NVL), Núcleo Ventral PosteroLateral (NVPL), Núcleo DorsoMedial (NDM), Núcleo Lateral Dorsal (NLD), Núcleo Lateral Posterior (NLP), Núcleo Ventral PosteroMedial (NVPM), Núcleo Medial (NM), Pulvinar (P), Núcleo Geniculado Medial (NGM), Núcleo Geniculado Lateral (NGL), Núcleo Reticular (NR), Núcleo Intralaminar (NIL), Núcleo ParaVentricular (NPV), Núcleo centromedial (Ncm), lmi (Lámina médular interna).

Del mencionado fascículo mamilo-talámico, emerge un sitio de proyección al giro cingulado, haciendo de este núcleo una función netamente límbica, fundamental en el procesamiento de las emociones, particularmente en el conocido circuito de

Papez, que se analiza en módulos posteriores.

El núcleo ventral anterior (NVA) y el ventral lateral (NVL) son importantes para el control motor, mientras que del ventral posterior (NVP) depende el curso de la sensación somática. El NVA. tiene aferentes hacia el *globus pallidus*, y su eferencia es en la corteza premotora (área 6 de *Brodmann*); por lo tanto, su función es eminentemente motora. A partir de los audaces estudios del incisivo neurocirujano Wilder Penfield, en la década de los cincuenta, se ha inmiscuido la actividad del tálamo izquierdo en las funciones motoras de alto orden relacionadas con el lenguaje (*Cfr*. Libro 15); y en fecha más reciente se ha evidenciado una entidad nosológica denominada afasia talámica, en la que se reporta su origen localizado en la parte posterior del núcleo ventral lateral, con extensión a la región pulvinar, bañada por las arterias tálamo-geniculadas (Penfield & Roberts, 1959; Metz-Lutz *et al*, 2000). Además, el NVL. tiene interacción neural proveniente del núcleo dentado del cerebelo a través del *brachium conjunctivum*, localizado en el pedúnculo cerebeloso superior y proyectando su actividad a áreas 4, 6 y 8 de *Brodmann*.

La micro estructura del tálamo, permite la operatividad de varios centros neuronales con función

El núcleo ventral posterior (NVP) tiene dos porciones, la ventrolateral y la ventromedial.

En su porción lateral (NVPL) recibe las fibras aferentes provenientes del lemnisco medio de la columna dorsal y las vías espinotalámicas; ramificaciones que luego se proyectan hacia la corteza somática sensorial del lóbulo parietal, teniendo como función final la codificación de todas las experiencias perceptuales del entorno. El NVPL es quizá uno de los más importantes en la codificación intelectual de las funciones somatoestésicas, ya que convierte el lóbulo temporal (tanto en sus aferentes, como en sus proyecciones) en el centro de integración del cúmulo de informaciones sensoriales. En su porción medial (NVPM), recibe aferentes del núcleo sensorial del quinto par craneal, el trigémino, enviando igualmente sus proyecciones al lóbulo parietal, donde se procesan los datos del N.V.P., más específicamente, en su corteza somato-sensorial.

> El núcleo Pulvinar ocupa el 40 % de la extensión talámica.

Los núcleos laterales tienen una actividad disímil, a pesar de su cercanía.

El lateral posterior (NLP) tiene interacción directa bidireccional con el lóbulo parietal y su función es integrar el mensaje sensorial, uniéndose a la participación procesal del NVPL, pero en diferente corteza. Por su parte, el Núcleo Lateral Dorsal, NLD, tiene como función principal codificar la expresión emocional, y sus aferentes y sitios de mayor eferencia, con respecto del tálamo, se encuentran relacionadas con el giro cingulado.

El pulvinar en el cerebro humano ocupa las dos quintas partes del volumen talámico (Laberge 2000) y recibe impulsos del mesencéfalo, en concreto desde el tubérculo cuadrigémino superior, proyectándose sobre la corteza de asociación parietal y desempeñando función motora, sobre todo en los movimientos oculares vinculados con la corteza prefrontal implicados en la atención, además de proyectar recíprocamente fibras hacia el área neocortical temporo-parieto-occipital. Estas diversas conexiones sugieren que el pulvinar integra la información sensorial que produce respuestas motoras a partir de la acción del colículo superior. Edward G. Jones, uno de los más grandes estudiosos en este campo, afirma que según la especie, el pulvinar va perdiendo su proporción. En el primate, por ejemplo, es más pequeño, y en el gato es tan pequeño que a veces no aparece en algunos atlas técnicos de neurobiología comparativa (Jones, 1985). El núcleo pulvinar se divide en cuatro regiones: medial, lateral, inferior y anterior. Estas regiones tienen gran implicación para la atención visual. El pulvinar medial tiene conexiones con el área prefrontal lateral, así como hipocampo y amígdala (Romansky, 1997, Kumar et al, 2014).

El proceso audio visual depende del núcleo geniculad o medial (oir) y núcleo geniculad o lateral (ver)

Muy cerca del pulvinar, exactamente en su porción inferior, se encuentran los esenciales cuerpos geniculados, cuya acción es fundamentalmente audiovisual. El Núcleo Geniculado Lateral (NGL) recibe aferentes de las células retinales a través del nervio y el tracto óptico, para enviar proyecciones al área 17 de *Brodmann* en la corteza visual. El Núcleo Geniculado Medial (NGM) toma su información de la red proveniente del *brachium* del colículo inferior y la proyecta hacia la corteza auditiva del lóbulo temporal, áreas 41 y 42 de *Brodmann* (Swanson, 2011). Lo más notable de estos núcleos geniculados es que sin ellos no podríamos distinguir ni colores, ni efectos visuales conectados con el movimiento y la forma, ni discriminar ninguno de los estímulos auditivos.

El tálamo es un centro de procesamiento motosensorial y emocional

El núcleo dorsomedial (NDM) conforma grupos neuronales de función eminentemente límbica, con actividad proveniente del complejo amigdaloide, en particular de la amígdala basolateral, así como del bulbo olfativo y del hipotálamo, proyectando sus acciones a la corteza prefrontal. Existen dos formas indirectas en las que el hipocampo se vincula con dos núcleos talámicos. Una por medio del fascículo, que comunica al Núcleo anterior y los cuerpos mamilares adyacentes al hipotálamo, a través del fórnix o trígono que sirve de puente aferente hipocampal. La otra relación disimulada sería a través de la interacción del NDM con la amígdala hipocámpica (Murray-Sherman & Guillery, 2013), que tiene una gran participación en las teorías de la memoria emocional y afectiva que se estudia en el libro 14.

Esta red eventualmente podría tener implicaciones en la codificación de algunas funciones límbicas, fundamentando las bases para que ciertas reacciones de instinto primitivo afectivo-emocionales se desencadenen *ipso-facto,* produciendo movimientos motores relacionados con conductas agresivas o frontalizadas del S.N.C. En ella estarían inmiscuidos neurotransmisores excitatorios, hormonas adrenales y, tal vez por la relación estrecha del NDM con los núcleos intralaminares y NVA (los cuales reciben aferencias de estructuras palidales y del circuito cortico-nigro-lenticular (Zambrano, 2014 a), podrían tener participación dopaminérgica.

El llamado núcleo líneomedial, procesa información relativa a la integración de los fenómenos de la

Existen también en el tálamo, núcleos cuya función codificatoria está dada por fibras de proyección difusa, que fisiológicamente forman parte principalmente de la actividad límbica, o en la modulación de la actividad talámica, como los núcleos reticulares. El Núcleo LineoMedial (NLM) recibe aferencias desde la formación reticular en su porción tegmental y del mismo hipotálamo, proyectándose hacia el prosencéfalo basal.

En esta misma categoría de los núcleos que se conectan con proyecciones arborizadas cercanos a la línea media, existen anatómicamente los núcleos intralaminares, centromediales y centrolaterales que reciben proyecciones de la formación reticular, el tracto espino-talámico, el *globus pallidus* y áreas corticales, los cuales envían mensajes a los demás ganglios basales y tienen función probablemente motora y relación con el ciclo vigilia-sueño así como con algunos movimientos musculares voluntarios, procesados en los ya mencionados elementos que conforman el complejo estriado-palidal (Mc Farland & Haber, 2000). Dentro de la línea media y cerca del núcleo intralaminar, se encuentran los núcleos paraventriculares, con proyecciones límbicas a núcleo accumbens e hipotálamo (Kirouac *et al*, 2005), implicados en mecanismos de adicción (Volkow & Baler, 2014).

Existen también en el tálamo, núcleos muy involucrados en la integración conciencial.

Por último, el esencial núcleo reticular talámico recibe aferentes del tallo hasta la corteza cerebral, dando por hecho una función eminentemente modulatoria en todo el encéfalo. En fecha muy reciente, cien años después de las primeras descripciones de las eferentes talámicas, se reportan proyecciones reticulares hacia núcleos estriados. A este respecto, E.G. Jones, del centro de

Neurociencias de la Universidad de California, reporta la siguiente precisión cajaliana:

> « *He also demonstrated the cells of the reticular nucleus with axons projecting into the dorsal thalamus, and he identified corticothalamic fibers of thick and thin diameters, some ending in the reticular nucleus.... and, although identifying collaterals of thalamocortical axons, he did not discover their terminations in the reticular nucleus* » (Jones, 2002).

Hoy se sabe, que el dispositivo electro fisiológico que identifica a la conciencia, depende de un circuito establecido entre las capas de la corteza y el núcleo intralaminar

La importancia de estas proyecciones colaterales bidireccionales tálamo-corticales son, en el tercer milenio, una de los modelos de estudio más candentes para resolver problemas de las neurociencias relacionados con el sueño, el alerta, las funciones atentivas y los fenómenos de la conciencia relacionados con el estudio de la filosofía de la mente y las nuevas vertientes de estudio analítico de las redes neurales (Zambrano, 2012)

32.2.2 CONSIDERACIONES NEUROFISIOLÓGICAS

La función preeminente de procesamiento de alto orden, rige de forma integral, el perfil codificatorio talámico.

Los pacientes humanos con lesiones en el tálamo posterior muestran déficit en la organización visual. Análisis electrofisiológicos, con sofisticadas técnicas de fijación de voltaje en células del pulvinar, incrementan sus patrones de disparo tras un estímulo visual. Para ello se utilizaron agonistas GABAérgicos, inyectados en la región dorsal del pulvinar medial en primates no humanos, modificando el campo visual contralateral. Asimismo, tal efecto se revirtió utilizando bicuculina, un antagonista del GABA (Petersen *et al*, 1987).

Algunas técnicas neuro quirúrgicas no invasivas, ayudan a comprender la función de las redes talámicas.

Existen padecimientos clínicos en los que, para disminuir el cortejo sintomático, se indica la talamotomía, en el caso de algunos síndromes convulsivos de difícil control (Mondragón & Lamarche, 1993) incluso mediante estereotaxia (Kondziolka et al, 2013; Kassell & Wooten, 2013). De acuerdo con ello, nos es necesario dilucidar algunas de las partes que son de orden ético y neurofisiológico y, por ende, justifican el cometido codificador de la función talámica como ente "convergente-proyectivo" de las sensaciones del mundo exterior y su relación con la organización del intelecto.

La interacción podría estar dada en la probabilidad de las redes neurales que de este elemento procesador se desprenden, y que comprueban la trascendencia del tálamo en muy diversas y fundamentales tareas intelectuales (Murray-Sherman & Guillery, 2013):

1. La relación con los movimientos motores, esencialmente de los núcleos ventrales.

El complejo Dorso-lateral prefrontal involucrado con la cara limítrofe del núcleo caudado con el *globus pallidus*, que tiene aferencia al NVA y registra mensajes preponderantemente espaciales (Alexander & Cruchter, 1990, Ahsan et al, 2007). Una interrupción en este tipo de conexiones, durante un procedimiento quirúrgico iatrogénico, o debidamente indicado por una patología con carácter de incoercibilidad convulsiva, produciría irremediablemente alteraciones en el procesamiento motor, modificando, o mejor, anulando en gran parte la capacidad perceptiva espacial del paciente (Galvan & Wichman, 2007; Snell, 2009; Hoshi, 2013).

Los núcleos de parte ventral del tálamo, integran la mayor parte de la información sensorio motora.

Respecto del NVL, es claro que alteraría los fenómenos dismétricos y primitivos de marcha al estar conectados con el núcleo dentado neocerebelar, responsable de la función cerebro-cerebelar encargada de funciones menos arqui o paleocerebelares que la bipedestación -o sea, la aparición de movimientos motores finos-, e incluso manifestar temblor cerebeloso generalizado, que produce una relativa desarticulación en la expresión oral y corporal (*Cfr*. Cap. 2). Pero igualmente, como fue descrito en el pasaje de interconexiones neuroanatómicas, el NVL tiene una participación muy importante en la generación del habla (Metz-Lutz, 2000) además de las interacciones con neocortex y cerebelo (Houck, 2013)

La afección metabólica de las vías nerviosas entre el *globus pallidus* y los núcleos intralaminares en ocasiones suele producir alteraciones motoras con movimientos involuntarios; por ejemplo, en padecimientos hepáticos como la hiperbilirrubinemia neonatal, que en casos extremos producen el *kernicterus* con movimientos coreoatetósicos característicos. En la encefalopatía metabólica producida en los casos de insuficiencia hepática crónica, la afección de los núcleos intralaminares suele ser también muy frecuente, debido a su interacción con los ganglios basales.

2. El ajuste de los estímulos sensoriales con el relevo asociado al NVP.

Una lesión en su porción lateral (NVPL) elimina, de hecho, la vía de relevos del lemnisco medio, dejando de lado el

Una alteración metabólica estriato-pallidal y de los núcleos intra laminares del tálamo, puede ocasionar cambios concienciales en el recién nacido.

procesamiento propioceptivo en animales superiores. En otras palabras, *¡un NVPL lesionado deja a los individuos sin nada de tacto!* Al mismo tiempo, la afección de la interacción del NVPM modificaría la sensibilidad trigeminal y sus inervaciones en algunas regiones de la cara, básicamente en sus ramas orbitales y maxilares, o también influyendo en la integración del dolor, en cefaleas vasculares incluso migrañosas (Lambert et al, 2014).

3. La conexión con la conducta parece depender de las aferentes límbicas antes enunciadas, relacionadas con el Núcleo anterior y el NDM principalmente.

Sin embargo, la importancia que hay entre la interacción del NLD y el giro cingulado que se encuentra en el borde superior del tálamo llama poderosamente la atención. Sus relaciones neuroanatómicas se orientan hacia la corteza prefrontal dorsomedial (CPFDM), que se encarga mayormente de gestionar los eventos de índole cognitiva, mientras que la corteza prefrontal ventromedial (CPFVM) interviene en dinámicas afectivo-emocionales (Simpson *et al*, 2001). Si a esto le sumamos la vecindad de los núcleos con influencia en el movimiento (NVA y NVL), se sustentaría evidentemente una gran participación del tálamo en los procesos cognitivo-afectivos y en las

En la porción dorsomedial de la corteza prefrontal se integran tareas cognitivas. En su porción ventromedial, se procesa informació respuestas motoras instintivas que siguen a eventos con elevadas cargas de impresión emocional. La afección concomitante en cualquiera de estos eventuales circuitos alteraría por completo la respuesta motora inmediata a eventos emocionales. Esto implica que no habría reacción alguna ante emociones intensas.

4. Lejos de ser un complejo neuronal intratalámico más, entre los muchos enunciados, el Núcleo Reticular (NR) es la estructura clave de la circuitería talámica.

Gran parte del arsenal neuro químico que interactúa entre el núcleo reticular y las capas neocorticales, contiene esencial mente GABA y Glutamato.

Fundamentalmente es un cúmulo de células nerviosas GABAérgicas recubriendo el óvalo talámico dorsal y ventralmente. Sus ramas bidireccionales tálamo-corticales aferentan similarmente al NVPM y NGL, y las fibras colaterales, inicialmente descritas por Cajal, terminan en sinapsis glutamatérgicas relacionadas con NMDA. La mayoría de las neuronas del complejo reticular, gracias a su potencial sináptico, parecen estar dentro de la cualidad de células excitatorias. Sin embargo, pese a interactuar con sinapsis tipo I, se han descrito estudios en los que se tiene evidencia de comportamiento inhibitorio predominantemente gabaérgico (O'Hara *et al*, 1983, Crabtree et al, 2013). Las fibras delgadas llegan a la capa VI cortical, al tiempo que las de mayor diámetro alcanzan la capa V, con patrones electrofisiológicos que las identifican para acomodarse escalonadamente a nivel cortical (Jones, 2002, 2012).

Estas características neurales hacen del NR una organización celular muy especializada. Reportes experimentales de sus propiedades biofísicas muestran patrones repetitivos de disparo con ráfagas tónicas de entre 7 y 14 Hz, exclusivos de las fases tempranas de sueño dependiente de conductancias de calcio (Jahnsen & Llinás, 1984). Por el contrario, durante el estado de alerta, cuando las células están despolarizadas, se han encontrado oscilaciones de entre 20 y 50 Hz (Steriade 2001). Existe una controversia actual con respecto de la retroalimentación tálamo-cortical bidireccional, pues una corriente científica opina que la aferencia de las proyecciones talámicas son recibidas por células piramidales de la capa IV cortical (Llinás y Paré, 1991; Steriade, 2001), como también se considera la probabilidad de que este mecanismo trascendental para el futuro de las neurociencias se deba a la participación de varias capas neocorticales (Murray-Sherman & Guillery, 2013; Crabtree et al, 2013).

La conexión talamo-cortical es bi direccional debido al principio hebbiano

Lo anterior es el pivote fundamental para las teorías de la percepción, cognición y atención (Guillery *et al*, 1998, Crick & Koch,

2003) pero, aún más importante, en el planteamiento de las nuevas teorías de la conciencia profundamente discutidas en el campo de la neuroepistemología (Zambrano, 2012)

Una función del complejo reticular podría actuar como modulador termostático, regulando las instancias de temperatura corporal (Crick, 1984). No obstante, debe aclararse que el centro regulador de la temperatura se encuentra en el área hipotalámica, lo que quiere decir que existiría una red prosencefálica-reticular que pudiese relacionar el núcleo responsable de la regulación de la temperatura corporal desde el hipotálamo, con el tálamo, y que ésta seguiría la vía del complejo reticular. En el libro concerniente a la función neuronal durante los eventos de percepción extrasensorial, se adaptan los cruciales planteamientos de la sincronización talamo-cortical (Llinás & Pare, 1991; Crick & Koch, 2003), respecto de la conciencia y la participación de las conjunciones de comunicación neuronal simultáneas y armónicas, conocidas como *Sinapsis de Malsburg*, en el modelo del problema del acoplamiento neuronal colectivo (Von der Malsburg, 1999).

El núcleo reticular talámico, es crucial para integrar conciencia a nivel central..

Módulo 33

REDES NEURONALES QUE SON IMPRESCINDIBLES

33.1 LA MODULACIÓN PROSENCENCEFÁLICA

En el lóbulo frontal se encuentran las funciones intelectuales de alto orden que concretan nuestro pensamiento y nos distinguen, o nos igualan, según sea el comportamiento, con los primates no humanos y demás especies estudiadas dentro de la neurobiología comparativa.

En el pros-encéfalo se integra la mayor parte de la

La importancia de la modulación del encéfalo anterior, primordialmente de la corteza prefrontal, tiene que ver con el juicio y, anatómicamente, con componentes adyacentes al hipocampo como la amígdala, el hipotálamo y el giro cingulado, que se encuentran en el diencéfalo. A través de la llamada rama prosencefálica medial, de gran predominancia catecolaminérgica, llegan impulsos que regulan la actividad en núcleos septales y áreas frontales perilímbicas (Berridge & Waterhouse, 2003).

Este tipo de procesamientos, que caracterizan la psicología evolutiva de un humano, utiliza dichos componentes diencefálicos y fibras nerviosas que podrían participar junto con núcleos internos talámicos y ser conducidos a través de diferentes fibras que proceden de núcleos cerebrales extralímbicos, mesencefálicos y de la médula espinal.

En la organización de datos de relevo protuberancial procedente de la médula a través de fibras reticulares, la red más trascendente en el mesencéfalo es, sin duda, el cúmulo de proyecciones hacia los cuerpos mamilares, cuyas aferentes llegan al núcleo anterior del tálamo.

Las fibras nerviosas límbicas encargadas del procesamiento emocional, intercambian neuro transmisores con importantes estructuras mesen-cefálicas.

Esta es la implicación de la modulación tegmental del prosencéfalo, que es traducida igualmente en los núcleos supraquiasmáticos del hipotálamo encargados de los ritmos circadianos de sueño y vigilia, relacionados con el alerta y otras funciones vegetativas (Zambrano, 2014), incluso en la modulación de los estados de ánimo (Schnell et al, 2014).

Las tres regiones del diencéfalo implicadas en la tarea de reconocimiento de la memoria son los núcleos dorsomedial y anterior del tálamo, y los cuerpos mamilares del hipotálamo; aunque debe hacerse énfasis en la gran rama de axones y gruesos haces expectantes de comunicación que se encuentran en el fórnix, íntimamente relacionado con el hipocampo.

El circuito del hipocampo conectado al núcleo anterior del hipotálamo y luego a la corteza cingulada forma parte, sin duda, del complejo sistema de *Papez*, que se describe en el capítulo relacionado con la memoria emocional. La trascendencia de una red que influya en el comportamiento emocional y que tenga una dependencia proveniente del mesencéfalo con los cuerpos mamilares, habla por sí sola de la necesidad de indagar nuevas probabilidades de acceso a las vías de información que relacionan el alerta, los sistemas vegetativos y las emociones, aún tímidamente exploradas (Fig, 9.3). Estas redes están continuamente infestadas de dos grandes poblaciones de células dopaminérgicas y serotoninérgicas. Aunque se describe la participación, en menor grado, de la mayoría de las demás sustancias neurotransmisoras, como la acetilcolina, la noradrenalina, el péptido Y, el péptido vasointestinal, etc.; sobretodo en la riqueza de los núcleos hipotalámicos.

La integración emocional depende importantemente de

Lo anterior apunta a que el circuito emocional de *Papez*, que une elementos de participación límbica como la corteza entorrinal, el hipotálamo, los cuerpos mamilares y el núcleo anterior del tálamo, es limitado en su concepción funcional (*Cfr.* Libro 14).

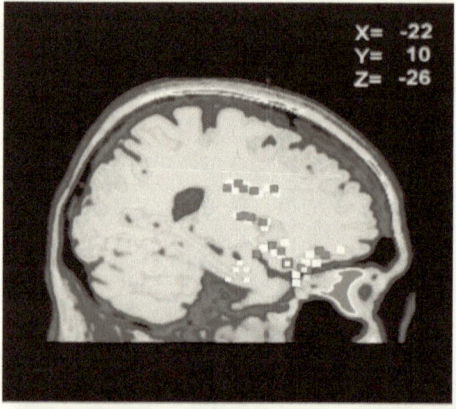

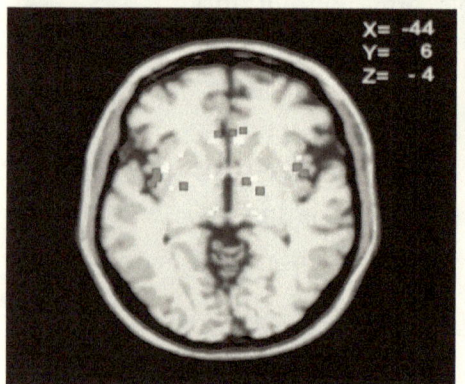

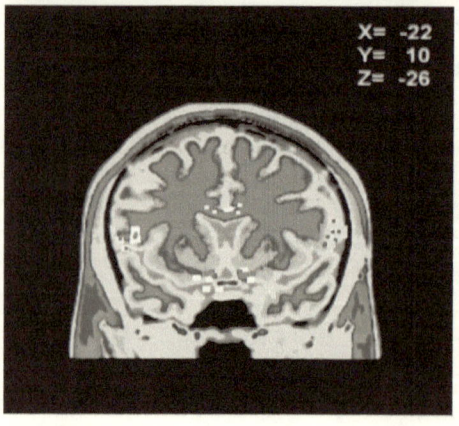

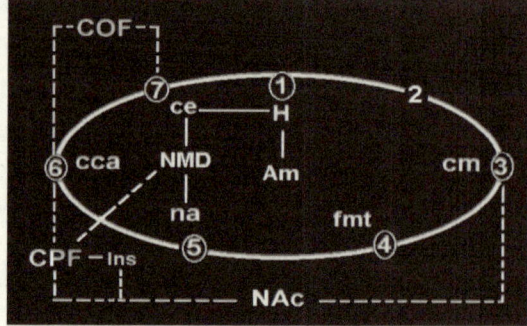

Fig. 9.3 Integración Emocional. En la columna vertical, se presentan tres imágenes simuladas de RMN(*) El corte sagital muestra actividad en zonas críticas que procesan emociones, incluyendo la amígdala (Am), el área mesolímbica en comunicación con el área ventrotegmental (AVT); la corteza orbitofrontal (COF) y otras regiones parahipocampales como los cuerpos mamilares del hipotálamo. Al medio, un corte transversal con coordenadas estereotáxicas que identifican la corteza insular, mostrando mayor actividad en el hemisferio izquierdo (Ins). También se observa despolarización en núcleos neuronales talámicos (na y NMD) y en área mesolímbica donde está el Núcleo Accumbens (NAc). En la parte inferior, corte coronal con coordenadas al nivel del cuerpo amigdalino, que evidencia participación afectiva del Nac, la CCA y la ínsula en los procesamientos emocionales.

A la derecha, esquema didáctico que ilustra la participación de las estructuras parahipocampales y mesolímbicas. La elipse traduce el clásico circuito emocional de Papez (*cfr*, Fig. 15.2), el Núcleo Medial Dorsal (NMD), proyecta sobre la CPF información proveniente de corteza entorrinal (ce) y amígdala. 1. Hipocampo, 2. Fórnix, 3. Cuerpos Mamilares, 4. fascículo mamilo-talámico, 5. núcleo anterior, 6. Corteza Cingulada Anterior, 7. corteza entorrinal (A partir de Papez, 1937).

Estos mencionados subsistemas tienen aferentes moduladoras de gran influencia neurotransmisora, lo que hace inferir que es incompleto para un modelo funcional más acorde a los hallazgos investigativos de los últimos 80 años; o sea, a partir de que fue descrita la red límbica de la emoción (Papez, 1937). Posteriormente, los científicos preocupados por dar una fisonomía más integral a la emoción, ampliaron las bases determinantes en las concepciones que anteriormente se tenían, concretándose de esa manera el circuito orbitofrontal-cingulado-parahipocampal (Pandya & Seltzer, 1982).

Es muy importante recordar que la olfación viaja por la vía procesencefálica medial y todas las sensaciones mediadas por el bulbo olfatorio tienen algún tipo de conexión al hipocampo. Por eso el efecto de la memoria es altamente eficiente con los estímulos sensoriales olfativos. Una interesante acepción del bulbo olfatorio es sin duda su implicación en los estímulos sexuales, los cuales pueden coligarse de dos formas: 1. A través del órgano vomero-nasal (OVN), que produce las feromonas culpadas de los procedimientos de seducción en animales y 2. La relativa vecindad con el área septal, encargada de la generación de sensaciones

El circuito orbitofrontal-cigulado-para hipocampal forma parte de la integración emocional.

*** Ver **mención referencial** sobre el simulador de RMN y su aplicación didáctica, en páginas de introducción general orgásmicas (ver Apéndice, *Sex-Cualidad y Cerebro*).

Por otro lado, las memorias olfativas son las más rápidas para instalarse, y relativamente difíciles de olvidar. El ejemplo sería la evocación de aromas que marcan acontecimientos vitales de una formación psicológica -infantil o adulta-, o el rechazo a olores que no son muy comunes, pero que remiten a eventos previos. El signo de anosmia, tras una detallada exploración física, revelaría por tanto afección en la vía olfatoria y, con cierta cronicidad, reflejaría una potencial alteración en la captación sensorial odorífica y trastornos, eventualmente a largo plazo, en la referencia de eventos de la memoria que pueden tener connotaciones afectivas (Snell, 2009).

Las lesiones talámicas suelen alterar procesos cognitivos importantes.

De igual forma, cuando hay una lesión en la línea dorsal talámica, los cuerpos mamilares caen en una degeneración retrógrada, por la misma causa que ejerce la acción informadora de la red proveniente del tálamo. Asimismo se pueden encontrar lesiones bilaterales que infringen actividad sobre los núcleos dorsomediales o el anterior talámico (Squire *et al*, 1989).

Los incidentes de trastornos de la memoria por alteraciones en el diencéfalo suelen ser muy dramáticos. El caso de N.A, fue reportado en diciembre de 1960 en el

Hospital para Veteranos en La Jolla, California. En éste, un técnico de 21 años, ingresado 14 meses atrás a la Fuerza Aérea Norteamericana como operador de radares, sufrió una lesión accidental con un florete de esgrima que penetró las narinas de derecha a izquierda a través de la lámina cribosa peririnal, alterando su función cerebral, hasta que con el advenimiento de estudios de Resonancia Magnética se encontró un daño específico en la región dorsomedial talámica, con extensión a la porción mesial del lóbulo temporal y una aparente ausencia bilateral de los cuerpos mamilares. La recuperación cognitiva del paciente fue normal; preservó la inteligencia media y la recolección de antiguas memorias alcanzando un IQ (cociente intelectual) de 124 sin importantes deformaciones semánticas o de percepción, así como tampoco en la adquisición de nuevos conocimientos. Empero, en años posteriores al evento evidenció una amnesia anterógrada, con dificultad para analizar los datos que mostraba la pantalla del radar en su trabajo y reconocer algunos rostros. Tres décadas después, mantenía una idea muy vaga o casi nula de los acontecimientos históricos relevantes (post-lesión), sin retener siquiera los datos de quien lo visitaba en fechas importantes, pero sí evocando con mucho detalle hechos anteriores a su accidente y viviendo a la usanza de los años cincuenta. Igualmente reportó que, al mirar la

Una red neural importante, sin duda, siempre será la que

televisión, durante los comerciales olvidaba cuál era el programa que estaba viendo... y había que recordarle en qué iba la película (Squire *et al*, 1989).

Otro de los trastornos frecuentemente vinculados a la deficiencia de memoria por afección metabólica es el síndrome descrito por Sergei Korsakoff hacia 1887, caracterizado por una incapacidad para retener mensajes, adquirir nuevos aprendizajes y grave déficit para evocar recuerdos o reconocer rostros familiares. En casos extremos desarrollan ideaciones vinculadas con pensamientos confabulatorios y fantasiosos, además de una aptitud verbal muy pobre, que conforman el complejo patológico *Wernicke-Korsakoff*, en el que hay disminución de valores de vitamina B1 plasmática, atrofia cortical, daño neurodegenerativo en cuerpos mamilares, tálamo anterior y dorsomedial, el hipotálamo, las áreas forniciales parahipocampales y el cerebelo. Anatómicamente, el cuadro psicótico puede ser explicado por la destrucción del fascículo mamilo-talámico, de gran importancia en el *vide supra* descrito circuito emocional.

La relevancia de este circuito no sólo se relaciona con las emociones afectivas primitivas, sino que tiene también una estratégica vecindad con los centros de

La estratégica posición de los sistemas de recompensa meso límbicos, cercana a estructuras diencefálicas y para hipocampales incide en respuestas conductuales emocionales.

retribución mesolímbicos, básicos en los aspectos de la armonía comportamental, como el Núcleo *Accumbens*, la Amígdala, el Hipotálamo, la corteza orbitofrontal, entre otros.

Se ha visto, por ejemplo, que el animal busca los patrones de belleza que sean coincidencialmente agradables para la vista (Aharon *et al*, 2001, Kawabata & Zeki, 2004, Melcher & Bacci, 2013), así como también se realizan experimentos por imagenología funcional que se acercan a los dispositivos de recompensa del cerebro cuando hay emociones como pérdida o ganancia de objetos materiales (Breiter *et al*, 2001), lo que indica que más allá de las sensaciones internas de búsqueda que refieren a los receptores específicos a percepciones metaconcienciales (Zambrano, 2014 b), el sistema nervioso también intenta constantemente equilibrar su comportamiento intrínseco con el entorno exterior, en beneficio de una interesante armonía celular-ambiental.

Una de las tareas más importantes en el cerebro, es sin duda, la de estructurar tareas cognitivas de sofisticado procesamiento mental como la toma de decisiones dentro de un plano más conciencial.

La toma de decisiones suele ser más emocional que cognitiva, a causa de las interacciones neuro químicas que se suscitan entre neuronas de la corteza prefrontal medial, especial

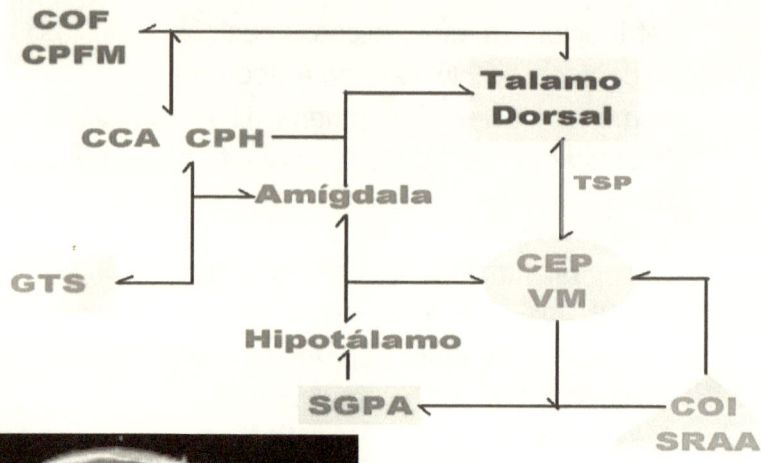

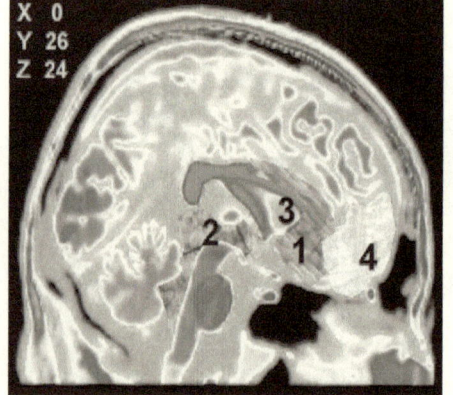

Fig. 9.4 Redes neuronales involucradas en el poder decisión. Pese a la gran valía cognitiva que implica la estructuración del "libre albedrío", es claro que toda decisión tiene radicales implicaciones emocionales asociadas a convicciones y creencias muy arraigadas.

Su ejecución depende de la eficiente integración de columnas asociadas al cortex parahipocampal (CPH), la corteza cingulada anterior (CCA), la amígdala y el hipocampo (zona 1, del simulador***), como relevo categórico entre la sustancia gris periacueductal (SGPA) y el tallo cerebral donde se alojan estructuras fundamentales de la conciencia y el alerta como el complejo olivar inferior (COI) y el sistema reticular activador ascendente (SRAA), esbozados en la zona 2. La porción cognitiva (zona 4), esta determinada por la corteza orbitofrontal (COF) y la Corteza Prefrontal Medial (CPFM) y su circuito constante con el tálamo dorsomedial y el Complejo Estriado-Palidal Ventro-Medial (CEP VM) en zona 3, el cual goza de gran riqueza sináptica con la SGPA. x.y,z, son coordenadas estereotáxicas TSP, Tálamo~Striato~Pallidal. GTS, Giro Temporal Superior (A partir de Price, 2005).

*** Ver **mención referencial** sobre el simulador de RMN y su aplicación didáctica, en páginas de introducción general.

El ejemplo pragmático que se acopla a una red neuronal que resultaría imprescindible en esta especializada tarea incluiría la corteza orbito-frontal (COF), la corteza prefrontal dorsomedial (CPFDM), la corteza cingulada anterior (CCA), en donde se advierte la obligatoriedad anexa con el cortex parahipocampal (CPH) y el Giro temporal superior (GTS). Tal y como se observa en la figura 9.4, la COF y la CPFDM, tienen contactos subcorticales a núcleos basales (*pállidum* ventral y estriado ventromedial) y al tálamo dorsal; además de establecer relevos a específicos centros del hipotálamo, para comunicarse con áreas de la sustancia gris periacueductal (SGPA) y del tallo, como el complejo olivar inferior y el sistema reticular activador ascendente, SRAA (Price, 2005).

La Corteza orbito frontal, se asocia a la toma de

33.2 EL SISTEMA ESTRIATAL-LÍMBICO-NEOCORTICAL Y LA ACTIVIDAD MESENCEFÁLICA

Los ganglios basales están mayormente conformados por sustancia gris y constituidos organizativamente en una compleja micro red que gobierna gran parte de los movimientos motores que responden a actividades intelectuales. Para su funcionalidad comprende el cuerpo estriado (Cápsula Interna, Núcleo Caudado y Lenticular, este último dividido en *Putamen* y *Globus pallidus*), el subtálamo y la sustancia *nigra*. La cola del caudado descansa sobre los núcleos posteriores del tálamo.

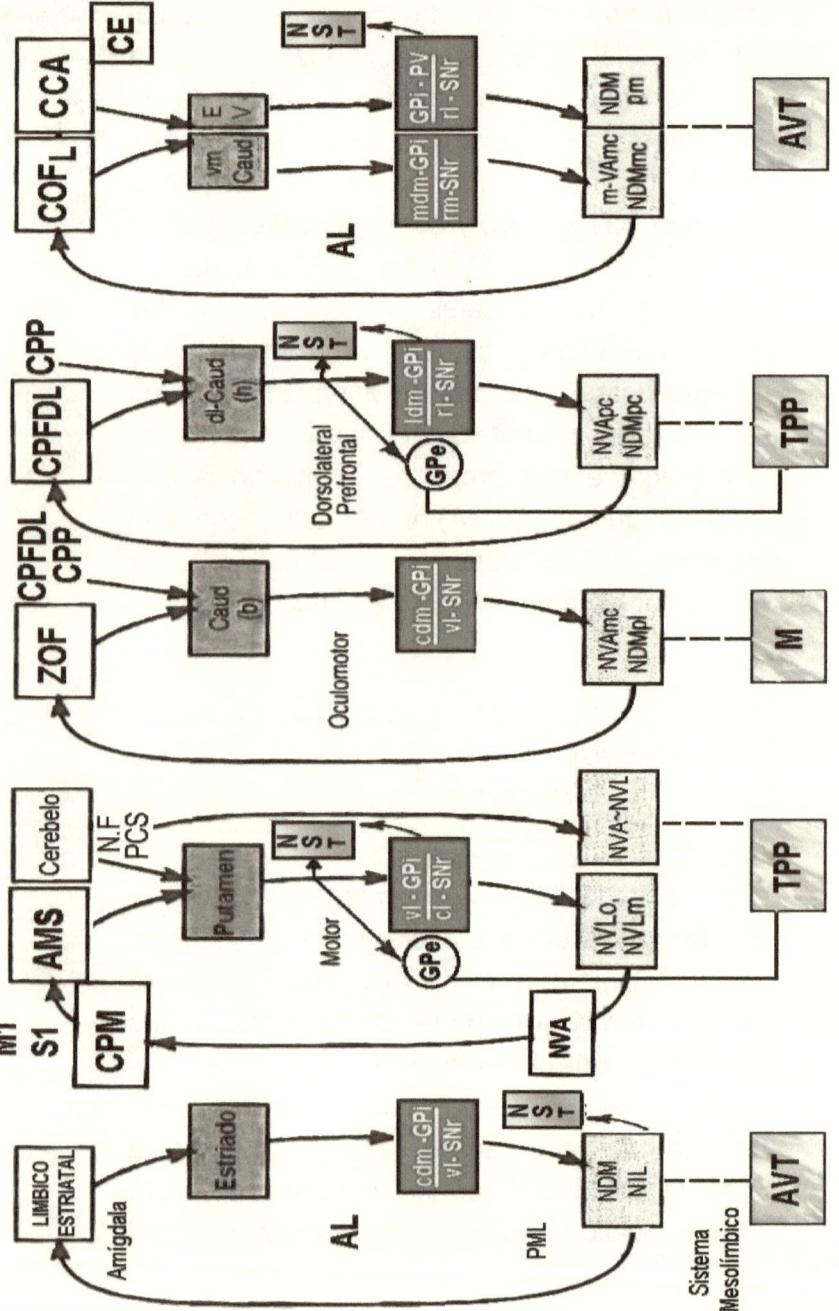

Fig. 9.5 Interacciones del tálamo con las estructuras estriadas. Diagrama hipotético de circuitería paralela en los ganglios basales, que comprende la integración límbico-estriatal-neocortical con estructuras mesencefálicas. En orden vertical, el primer nivel en cajas blancas, identifica estructuras corticales; el segundo (cajas rojas), señala la función estriatal. Un tercer nivel, destaca el sistema nigro-palidal (cajas azules), el cuarto en color amarillo ilustra las capas celulares de los núcleos talámicos y en la base (verdes), las estructuras tegmentales pedúnculo pontinas asociadas con el sistema mesolímbico. El núcleo subtalámico de Luys (NST), aparece en unión del complejo nigropalidal, intercambiando neurotransmisores, principalmente Dopamina, GABA y Glutamato, y recibiendo *input* de la cortezas motoras y de asociación, así como de NIL. En orden horizontal, la contribución motora cerebelar con estructuras neocorticales, que a su vez, establecen conexiones límbico estriatales. El primer circuito identifica también la acción del NIL talámico y su relevancia tálamo-cortical en asociación con tareas cognitivas sofisticadas y aspectos de conciencia. Aparece también la actividad oculomotora asociada a ganglios basales, y la interacción entre corteza prefrontal y cortezas límbicas como la CCA y la COF.

Abrev. AL, Actividad Límbica. AMS, Area Motora Suplementaria. AVT, Area VentroTegmental. CCA, Corteza Cingulada Anterior. CE, Corteza Entorrinal. COFl, Corteza OrbitoFrontal lateral. CPFDL, Corteza Prefrontal DorsoLateral. CPM, Cortex premotor. CPP, Corteza Parietal Posterior. EV, Estriado Ventral. GPe, Globus pallidus externo. GPi, Globus Pallidus interno. M. Mesencéfalo. M1, Area Motora Primaria. NDM, Núcleo DorsoMedial, NF, Núcleo fastigial. NIL, Núcleo IntraLaminar. NVA, Núcleo Ventral Anterior, NVL, Núcleo Ventral Lateral. NVLm, NVL *pars medialis.* NVLo, NVL *pars oralis.* PCS, Pedúnculo Cerebeloso Superior. PML, Proyecciones MesoLímbicas. S1, Area primaria sensorial. SNr. *Sustancia Nigra Pars reticulata.* TPP, Tegmento Pedúnculo Pontino. ZOF, Campo Óculo-Frontal. En estriado: Caud, Caudado, (b) cola del caudado (h) cabeza. dl, dorsolateral. vm, ventromedial. En sistema nigro-palidal, cl, caudolateral, cdm, caudal dorsomedial. l, lateral. ldm, lateral dorsomedial. m, medial, rl, rostrolateral. rm, rostromedial, vl, ventrolateral. En Tálamo: mc, *magnocelularis* pc, *parvocelularis*, pl, posterolateral, pm, posteromedial, Pv, *Pars Ventralis* (Modificado de Zigmond *et al*, 2003)

La sustancia *nigra* tiene conexiones con núcleos, encargado de procesamiento oculomotor en conexión con el colículo superior, y con grupos neuronales localizados en porciones anteriores ventrolaterales del tálamo. Lo anterior tiene relación más que todo con dos funciones importantes para la integración motora del SNC, que debe responder a estímulos sensoriales o afectivos previamente advertidos.

El sistema Nigro~ Estriatal Dopaminérgico, es fundamental en la integración de la información que se procesa a nivel mesolímbico.

Como se discute más adelante, los componentes aquí implicados dependen neuroquímicamente del llamado Sistema Nigro —— Estriatal —— Dopaminérgico, y sustancialmente del área ventrotegmental o mesolímbico dopaminérgico. Este complejo mesolímbico es el que vincula la protuberancia con la amígdala y otras formas basales del diencéfalo, así como con la corteza cingulada anterior y entorrinal. Igualmente se conecta con el estriado y el lóbulo frontal, además del sistema tubero-infundibular del eje hipotálamo hipófisis, en especial con el núcleo arcuato y periventricular, jugando un papel muy importante en el comportamiento afectivo dependiente de hormonas y en la liberación de prolactina.

La red se complementa cuando: 1) Las proyecciones mesolímbicas se conectan con núcleos intralaminares talámicos. 2) Las fibras procedentes del núcleo fastigial arriban al núcleo ventro-lateral del tálamo, a través del pedúnculo cerebeloso superior. 3) El núcleo dorsomedial del tálamo también recibe entradas de los elementos del lóbulo temporal, incluyendo la amígdala y la neocorteza inferotemporal, que se proyecta virtualmente sobre toda la corteza frontal (Ver Fig. 9.5). En conjunto, es una organización que además, se sirve de las proyecciones recíprocas de la médula espinal, relacionadas por supuesto, con la integración nigro-estriatal (Mc Farland & Haber, 2000, Prensa et al, 2009).

La integració n meso límbica es mayor mente asociada a

Las fibras de asociación y las fibras de proyección constituyen el puente de ascenso talámico-neocortical. A través de la corona radiante, el haz de fibras nerviosas que se disemina a partir de la cápsula interna, con todo tipo de órdenes del procesamiento sensoriomotor. Estas fibras cortas y largas unen regiones corticales en un mismo hemisferio. El fascículo unciforme se vincula con áreas de *Brodmann* implicadas en el habla (Zambrano, 2014, C), y con el polo temporal, así como al cíngulo, lo que le otorga un significativo componente emocional y cognitivo a esta modalidad integracional. El *fascículo longitudinal superior* es el haz más grande de estas fibras de asociación, y recorre el cerebro del extremo frontal al occipito-temporal, mientras que el *fascículo fronto-occipital* tiene una conexión profunda interhemisférica y llega al borde externo del núcleo caudado, muy cerca de la mencionada cápsula interna.

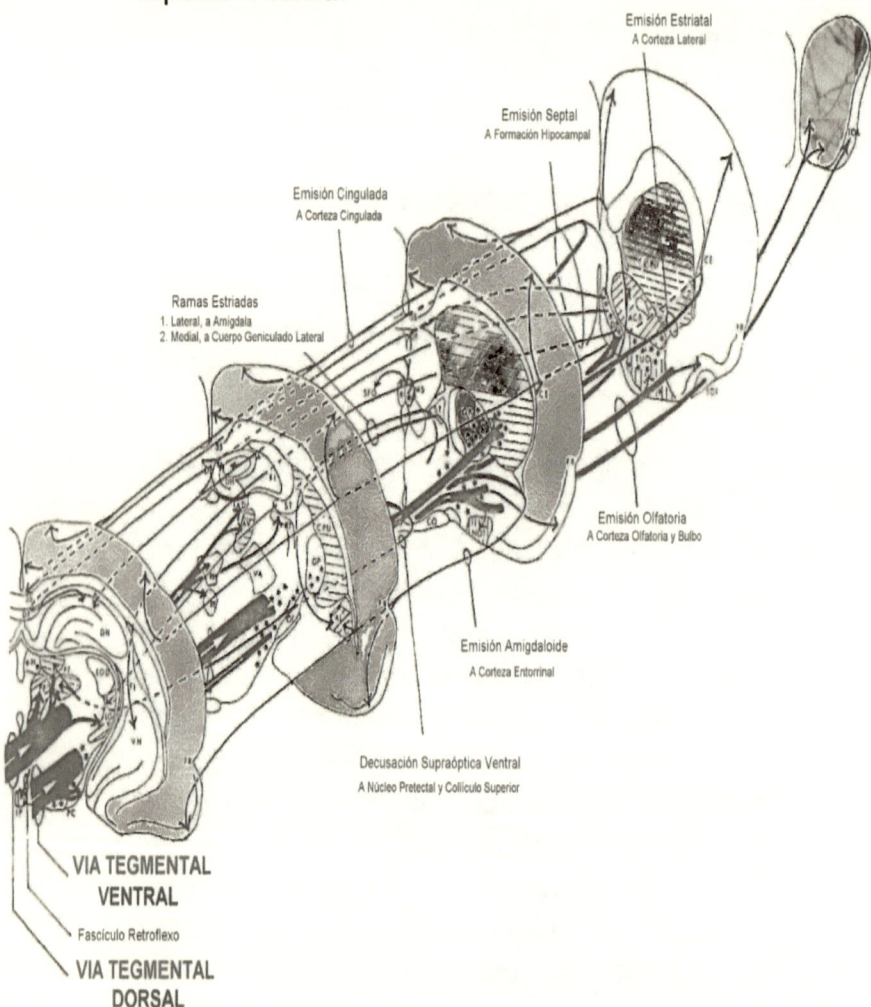

Fig. 9.6. Interesante diagrama que resume el primer mapeo experimental sistémico por inmunohistoquímica. Los investigadores trazaron la vía colinérgica observando los niveles de emisión por luminiscencia, que produce la degeneración Walleriana por causa de la acetilcolinesterasa en tejido neural. Modificado de Shute & Lewis, 1963.

En este aspecto, el neurólogo Hans Angelman describe, hacia 1965, un estratégico desorden neurológico que sirve como incipiente modelo de estudio para comprender la sustentación de red neural que se trata de ilustrar en este apartado. El síndrome de *Angelman* está mediado por una alteración entre los ganglios basales y el cerebelo. Se manifiesta por un comportamiento atáxico-espasmódico, con una gran característica de tremor intenso en miembros inferiores, por lo que semejan marionetas con actividad motriz exacerbada. En segundo término, la sintomatología convulsiva en estos niños obedece a un patrón de degeneración cortical, y a la disfunción sináptica de neurotransmisores inhibitorios o de su metabolismo, así como a una deficiente actividad del receptor GABA A, relacionados con la disregulación proteica de la ubiquitina UBE3 y disminución de la actividad de la subunidad β-3 en el epistema proteico GABRB3 hallada en el cromosoma 15q11-13, ya que la mayoría de estos casos - el 70 %- puede deberse a la transmisión materna de un cromosoma anormalmente marcado (Dan & Boyd, 2003). Igualmente se le ha involucrado el síndrome de *Rett* y la deficiencia de proteína MECP2, en el que también hay retardo mental desde los primeros meses de vida, que se reflejan con un desarrollo del lenguaje muy pobre y epilepsia, con frecuencia presente antes de

En el síndrome de Angelman, el origen fisiológico de sus síntomas se debe a la actividad asíncrona entre ganglios basales y los tres años de vida (Christodoulou & Weaving, 2003) y en general con toda la gama de patologías genéticas que predeterminan daño en las mismas redes neuronales (Faulkner & Singh, 2013).

Del mismo modo, existen conexiones del sistema olivo-cerebelar con el tálamo y en él se ha visto evidencia de oscilaciones de 40 Hz, las cuales tienen relación con la conciencia. La oliva inferior, también implicada en desarrollos de aprendizaje motor, tiene varios núcleos accesorios (Zambrano, 2014 a), y la probable vía para que ocurran estas funciones es por medio de los fascículos olivo-cerebelosos y aquellos vinculados con la actividad cerebelo-vestibular del ya descrito arquicerebelo, que ascienden, como se observa en la figura, a través de los pedúnculos cerebelosos hacia el mencionado NVL talámico.

El tálamo tiene conexiones con el sistema olivar, promoviendo la comunicación entre núcleos del tallo y corteza.

Lo interesante de este conjunto de conexiones es que su sola posición estratégica mesencefálica le otorga la categoría de estar seriamente inmiscuido en las tareas de la formación reticular y la generación de importantes funciones, como son las del *locus coeruleus* y su producción constante de neurotransmisores como catecolaminas, además de las básicas acciones que llevan a cabo los cúmulos neuronales protuberanciales, *Nucleus basalis pontis caudalis* y *Nucleus basalis pontis oralis.*

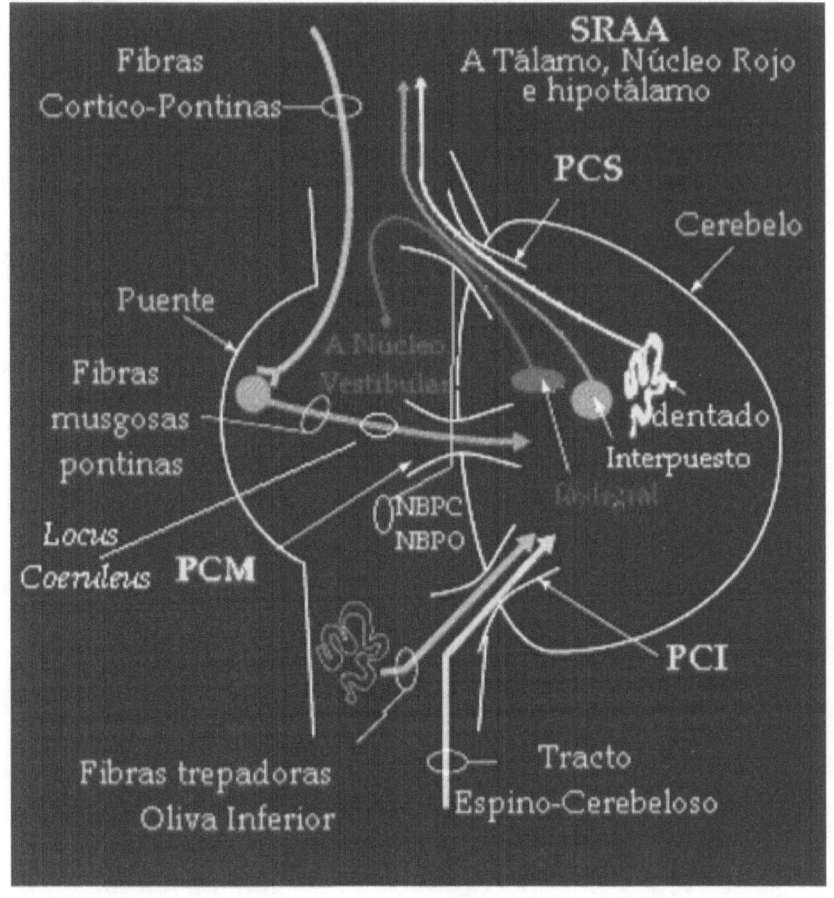

Fig. 9.7 Conexiones entre el sistema olivo-cerebelar y la formación reticular. Apréciense las comunicaciones ente la oliva interior y los núcleos fastigial del cerebelo y vestibular en el tallo encefálico. NBPC, *Núcleos Basalis, Pontis Caudalis*, NBPO, *Núcleos Basalis Pontis Oralis.* PCS, Pedúnculo Cerebeloso Superior. PCI, Pedúnculo Cerebeloso Inferior.

Así, el área tegmental lateral es la más importante de las zonas protuberanciales y, por tanto, de la formación reticular, al estar involucradas como red neural en los estados de alerta.

Lo fundamental en este aspecto conjunta una interesante distribución que es parte de la idea de la sistematización de una actividad cerebral superior en la que se ven implicadas las funciones de significado semántico y los estados de alerta. Pese a que el área de *Wernicke* (AB 22) es una zona de preeminencia cortical, descrita ampliamente en el libro de «*Hablando se Entiende la Gente*» (ver índice General, *Summa Neurobiologica*) su relevancia radica en la concepción intelectual que le permite distinguir las formas semánticas, como parte de un alto comando cognitivo a través del complejo vestibular y las cortezas auditivas (AB 41 y 42), y no la mera articulación motora de la palabra. Es probable que la relación existente en el procesamiento talámico, a través de los núcleos intralaminares implicados en la conciencia, pueda tener la participación de varios neurotransmisores de predominio catecolaminérgico, e incluso dopaminérgico, cuando se requiere de la alianza cortico-cortical con la corteza pre-frontal (*Cfr.* Módulo 51). La forma como participan los estados de alerta en esta red, a manera de conformar un plano conciencial

La actividad neuro transmisora es determinante en sitios tan específicos como la formación reticular y el sistema olivocerebelar, con respecto a la estructuración química de la conciencia.

semántico, es a través del complejo olivo-cerebelar, que asciende al tálamo, vía vestibular; y de la formación reticular protuberancial que se conecta con los mencionados núcleos intralaminares. Lo anterior es discutido operativamente en el módulo 53 , «*Concepción Neurobiológica de la Conciencia*»; y su aplicación puede encontrarse en situaciones clínicas correspondientes al coma, en los que se ha presentado el caso de una mujer que, tras 20 años de permanecer en estado vegetativo persistente, puede ocasionalmente pronunciar palabras perfectamente articuladas, fenómeno que ha sido explicado desde la perspectiva de los patrones motores de acción fija, PMAF, sustentando una primitiva actividad mecánica del área de *Broca* (Schiff *et al*, 1999), o que se asocia al denominado mesocircuito del coma (Schiff, 2010).

De la integración vestibular, depende mucho la actividad cerebelar

El sistema Cortico-EstriadoPallidal resulta fundamental para estructurar sensibles caracteres que pueden determinar notablemente, rasgos concienciales definitorios (Ver Fig. 9.8). De esta forma, -y para seguir fortaleciendo la trascendencia de esta red neural- se describe una columna neural, desde el tallo hasta el tálamo, que controla la conducta (BCC, por sus siglas en inglés, *Behavior Control Column*) (Dong & Swanson, 2006, Swanson, 2011).

Procesamiento
desde el Tallo y
área Estriado-Pallidal
hacia Tálamo

Input rostral del Tallo
y área Estriado~Pallidal
a Circuito
Tálamo-Cortical

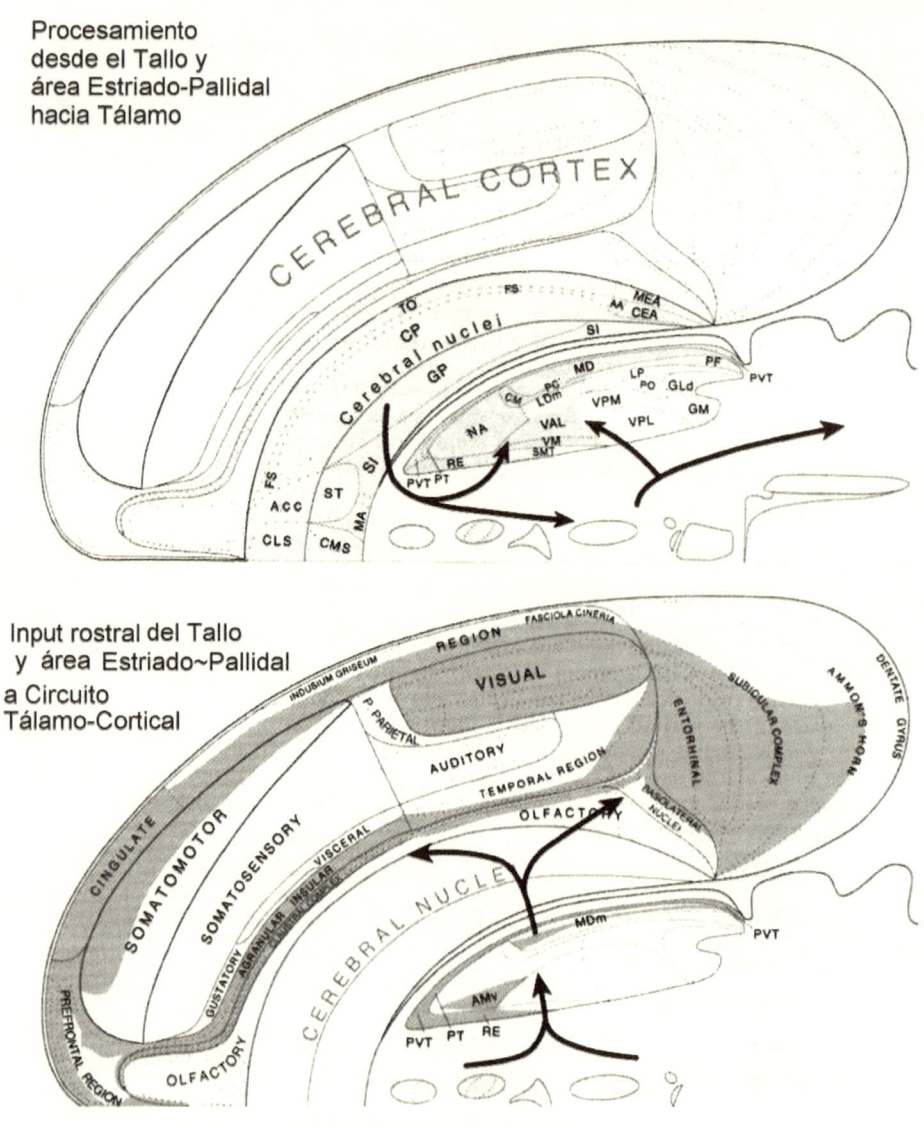

Fig. 9.8 Importancia de los relevos estriato-pallidales entre tallo y tálamo. La interacción neural entre las columnas ascendentes desde el tallo cerebral hasta el circuito tálamo-cortical y su capacidad de acople -vía ganglios

basales estriato-pallidales-, resulta imprescindible para comprender la relación entre los hemisferios cerebrales y la estructuración de ciertos elementos de la conciencia. En la parte superior, en corte sagital para indicar hemisferio, los núcleos del tálamo dorsal (color rosa) reciben proyecciones desde diversos núcleos cerebrales (azul) y desde núcleos del tallo involucrados con tareas motoras espinales. Abajo, el sistema de control conductual rostral, se proyecta sobre núcleos talámicos dorsales que a su vez, sinaptan con estructuras corticales (color naranja) Abrev. AA, Amígdala anterior, Acc, Núcleo Accumbens; AMv, Núcleo AnteroMedial *(pars ventralis)*, CEA, Núcleo Central Amigdalino; CLS, complejo latero-septal; CM, Núcleo Centro-Medial; CMS, Complejo Medio-Septal; CP, Caudoputamen; FS, *Fundus Striatalis*; GLd, Núcleo Geniculado Lateral dorsal; GM, Núcleo Geniculado Medial; GP, *globus pallidus*; LP, Núcleo lateral posterior, MA, Núcleo MAgnocelular (preóptico); MDm, Núcleo MedioDorsal *(pars medialis)*, MEA, Núcleo Medial Amigdalino; NA, Núcleo Anterior; PC, Núcleo ParaCentral, PF, Núcleo ParaFascicular, PO, complejo Posterior Talámico, PT, Núcleo Paratenial; PVT, Núcleo Paraventicular del Tálamo; RE, *Nucleus Reuniens*; SI, *sustancia innominata;* SMT, Núcleo Submedial del Tálamo; ST, *Stria Terminalis,* TO, tubérculo olfatorio; VAL, Complejo Ventral-Anterior Lateral; VM, Núcleo ventro-medial, VPL, Núcleo Ventral postero-lateral, VPM, Núcleo Ventral, posteromedial (A partir de Swanson, 2005).

De esta forma, apoyados en el BCC (Dong & swanson, 2006), se codifican las señales motoras espinales que determinan la respiración, la postura y locomoción musculoesquelética (Swanson *et al*, 2005, 2011), además de motivar conductas bajo respuestas hormonales neuroendocrinas y vagales autonómicas; orientando movimientos de cabeza y cuello, así como modales orofaringeos (que dan vocalización y orolinguales como masticación o sucedáneos a la salivación) y relacionados con la expresión facial de un individuo o animal que determinan, mediante rasgos característicos, su identificación y reconocimiento en grupos sociales o familiares.

33.3 LA FUNCIONALIDAD VITAL DE LOS NERVIOS CRANEALES

Los nervios craneales son redes neurales sensorio motoras que traducen información conciencial.

Una de las características más atractivas de la respuesta emocional es la participación de los nervios craneales, preponderantemente en la manifestación que "da la cara" ante las cosas que nos agradan o nos disgustan, por medio de sus interacciones sensitivas y motoras. Son ellos los responsables de que, a nivel olfativo, estemos alerta de sensaciones exteroceptivas, que forman parte de mecanismos de aprendizaje intelectuales o simplemente condicionados, que pueden poner en estado de alerta al individuo pensante como en las fugas de gas, o acercar el cerebro a fenómenos hedónicos que responden a la memoria y a la respuesta de estímulos cognitivo-afectivos (*Cfr.* Apéndice X, *Sex-Cualidad y Cerebro*).

Los doce pares craneales y sus ramas nerviosas son ampliamente discutidos en bibliografías del libro "La Compleja Maquinaria Funcionando· (Zambrano, 2014 a) y su trascendencia en el procesamiento de los sentidos audio-visual y olfatorio-gustativos se revisa en el capítulo 6. Sin embargo, para efectos de la aplicación de su importancia dentro del mapa integral de diversos subsistemas imprescindibles para la integración de la respuesta intelectiva, hemos de nombrar el componente óculo-motor craneal, que implica respuesta pupilar procedente del mesencéfalo, por medio del núcleo parasimpático-accesorio de *Edinger-Westphal* conectado al músculo constrictor de la pupila y los Nervios III, IV y VI, que se vinculan con respuestas concienciales y reflejos importantes como el arco reflejo vestíbulo-ocular (ARVO), trascendente para el objetivo final de esta *summa neurobiológica* (Parte V, *Niveles de Conciencia y Cognición*).

Por si esto fuera poco, la ventana de nuestro rostro al exterior y, de paso, carta de presentación ante otros cerebros, puede verse modificada por la acción de dos importantes nervios, el facial y el trigémino. De ellos dependen, además de la esencial masticación, nuestras gesticulaciones, los patrones elementales para que se den las señas primitivas de transferencia de impulsos, por medio del movimiento de músculos de la

El sistema de quimio recepción trigeminal, es un factor potencial para comprender algunos mecanismos neuro químicos asociados a los mecanismos de recompensa ~~cerebral~~

cara, o del orbicular de los párpados, al guiñar el ojo o al fruncir las cejas, por ejemplo. La quimiorrecepción trigeminal es importante para el sentido del gusto, conformado por las células nociceptivas polimodales que están íntimamente ligadas al nervio glosofaríngeo (IX) y neumogástrico (X), que pueden distinguir sabores irritantes, etanol, mentoles, capsaicina, entre otros, y desencadenar efectos en las mucosas oro-nasales y fenómenos de vasodilatación periférica que son los causantes del enrojecimiento de la cara al consumir algunas de estas sustancias o al experimentar sensaciones de dolor (ver Libro 5, Sensopercepciones). Algunas sensaciones gustativas se desplazan a través de los axones periféricos de las neuronas del ganglio inferior del décimo par craneal, y sus fibras eferentes van al tálamo y a una serie de núcleos hipotalámicos. La interacción en estas áreas con los receptores a anandamida, que tienen un comportamiento similar a los receptores a THC (Tetrahidrocanabinol), también ocasiona reacciones de rubicundez generalizada, aumento de temperatura corporal por participación de los núcleos termorreguladores del hipotálamo y acción probablemente histaminérgica, que es parte de las reacciones emocionales que subyacen a la estimulación de dichos receptores (Zambrano, 2014, b).

Entre más bajo sea el nacimiento del par craneal, mayor será su compromiso primitivo conciencial.

El nervio auditivo se encuentra en la superficie anterior del tronco cerebral; esto es, en los límites inferoprotuberanciales y suprabulbares. Desde allí, se conecta con el complejo nervioso oculomotor a través del fascículo longitudinal posterior para constituir el mencionado ARVO (*Cfr.* Módulo 37). En la exploración clínica neurológica de los pares bajos IX, X, XI y XII, la buena acuciosidad en el conocimiento de sus funciones nos puede dar un pronóstico de vida en un deterioro agudo rostro-caudal en el cerebro que ha recibido impacto traumático, o que presenta severo compromiso hipóxico-isquémico. De la misma forma, allí en este estratégico sistema vestíbulo-coclear, se desprenden las interacciones que se involucran con el complejo olivar y sus conexiones al cerebelo, altamente implicadas en los fenómenos de conciencia operativa (Zambrano, 2012).

El arco reflejo vestíbulo ocular (ARVO), es un paradigma de integración n ---------

Estos pares bajos, relacionados con acciones neurovegetativas, que clínicamente apoyan el diagnóstico clínico del coma, tienen interacciones con sustanciales núcleos bulbares, y con la misma oliva bulbar. El nervio glosofríngeo (IX), cuya actividad motora descansa en el núcleo ambiguo, se vincula con el núcleo sensitivo del IX par, el cual también está presente en el nervio vago o neumogástrico, constituyendo la porción inferior del Núcleo Del Tracto Solitario (NTS).

Lo interesante de esta interacción con el NTS es que tiene importante relevancia afectiva a través de los enlaces de memoria emocional (*Cfr.* Libro 14) y que, a través de la formación reticular, interactúa con la amígdala basolateral y recibe aferencias del hipotálamo y del nervio olfatorio (Miyashita & Williams, 2003). Además, sólo para subrayar su importancia en el comportamiento del ser humano, es conocida la acción simpática del vago o neumogástrico (X Par) en sus aferencias viscerales, vitales para la función animal; mientras que de los dos pares craneales restantes depende la rotación de cabeza y cuello (componente macromotor del ARVO), la integración espinal en las primeras cinco vértebras cervicales y la deglución.

El nervio vago y el núcleo del tracto solitario, están involucrados en los sistemas de memoria emocional.

Módulo 34

IMPORTANCIA DE LOS NEUROTRANSMISORES EN LA MODULACIÓN DE LAS REDES NEURONALES

Como se describió en el libro, "Atención: Sinapsis Trabajando", la modulación del cerebro en cuanto a sus actividades eminentemente fisiológicas depende no sólo de la parte eléctrica, sino también de sus componentes químicos más trascendentes. Cada uno de los neurotransmisores se comporta de acuerdo con ciertas vías, pese a que la mayoría de ellos están presentes en altas densidades en zonas encefálicas específicas. Se puede inferir que el tipo de respuesta moduladora que se obtendrá, tras un estímulo determinado, depende de su localización y activación. A continuación se describirán los más comunes, como el sistema dopaminérgico y noradrenérgico, además de la mediación colinérgica, las vías inhibitorias mediadas por GABA y Glicina y las excitatorias, así como de importantes neuropéptidos que tienen roles fundamentales en la ejecución de comandos de alto orden.

¿Sobre que enzima específica, actúan directamen te los insecticidas nocivos para el sistema

La importancia de la acetilcolina radica en su función moduladora, en particular de la actividad neuromuscular. Para que se produzca la despolarización en la placa neuromuscular no sólo se requiere de iones, sino de un muy buen acoplamiento del canal de acetilcolina, el cual tiene funciones muscarínicas y nicotínicas. El antagonista principal nicotínico es la d-tubocurarina, y del muscarínico, la atropina (Siegel et al, 2012).

La acetilcolinesterasa (AchE) juega un papel importante en la fisiología al hidrolizar la acetilcolina, siendo este proceso el responsable directo del letal efecto de los insecticidas en el SNC. Los inhibidores de AchE suelen ser muy utilizados en terapéutica médica tras un intoxicación grave por pesticidas que alteran la función colinérgica de la placa neuromuscular, manifestada por flacidez generalizada y negativa actividad muscular, que ocasiona la muerte por parálisis cardiaca y mal funcionamiento postganglionar (Colović et al, 2013).

Se han llevado a cabo, en diferentes modelos tisulares, experimentos para comprender las vías metabólicas de las catecolaminas, evaluando la detección de sustratos en la síntesis de aminas biogénicas incluso por procedimientos radiactivos (Helpap & Hempel, 1969).

34.1 EL EFICIENTE DESPLIEGUE CATECOLAMINÉRGICO.

Los catecoles son neuro químicos esenciales para la integración biológica del intelecto.

Las aminas biogénicas, entre las que se encuentran principalmente la dopamina (DA) como precursor, la Norepinefrina (NE), y la Epinefrina, son esenciales para la regulación de la presión arterial y en actividades intelectuales fundamentales, concibiéndose claramente que, sin su acción, el cerebro simplemente no funcionaría. Del sistema adrenérgico depende la adquisición de organizaciones sensoriales involucradas en el alerta, con buena parte de la modulación tálamo-cortical, además de su participación en respuestas motoras y otros comandos de alto orden como memoria y atención.

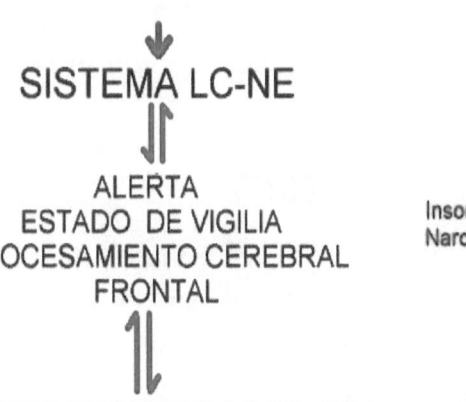

Fig. 9.9. **Influencia del Sistema Adrenérgico en procesos fisiológicos y entidades clínicas.** Un estímulo aversivo puede incrementar descargas fásicas o tónicas del sistema LC-NE. (*Locus Ceruleus*-Norepinefrina), con relevante influencia cortico-subcortical en procesos neurovegetativos y cognitivos. Las flechas bidireccionales representan los mecanismos intrínsecos de neuromodulación en la vía adrenérgica. (A partir de Berridge y Waterhouse, 2003).

La alteración de las aminas biogémicas en la actividad cotidiana producirá notables alteraciones cognitivo-afectivas (Fig 9.9), basta con nombrar el insomnio y otras parasomnias, el controversial déficit de atención con hiperactividad (DAHA), y los desórdenes relacionados con el estrés, en el que se ve inmerso todo tipo de emociones que el individuo pueda operar (Berridge & Waterhouse, 2003).

Existen dos vías fundamentales anatómicas para que se dé la presencia de catecolaminas en el cerebro. La rama dorsal, que es gobernada por las casi 15 mil células nerviosas que constituyen el *locus coeruleus*, muy cerca del núcleo vestibular, y cuyas proyecciones viajan a hipocampo y corteza prefrontal e interactúan con médula espinal y cerebelo, y la rama ventral, que es la responsable de manejar las actividades dependientes de las funciones hipotalámicas y del tallo cerebral. Allí se encuentran principalmente las células feniletanolaminérgicas, un tipo de neuronas especializadas en transferir la norepinefrina en epinefrina y dar así a esta sustancia la categoría de neurohormona primaria, por acción de la feniletanolamina N-metil transferasa –PNMT, que abunda en esta clase de células (ver diagrama). Estas vías están distribuidas en SNC y SNP, y su síntesis bioquímica inicia desde la L-tirosina,

El *locus ceruleus* tiene un promedio de 15 mil neuronas.

que gracias a la tirosina hidroxilasa se convierte en L-DOPA, y con el apoyo de otra enzima, la DOPA decarboxilasa, la cual utiliza el fosfato de piridoxal como sustrato energético y se convierte en DA, dopamina.

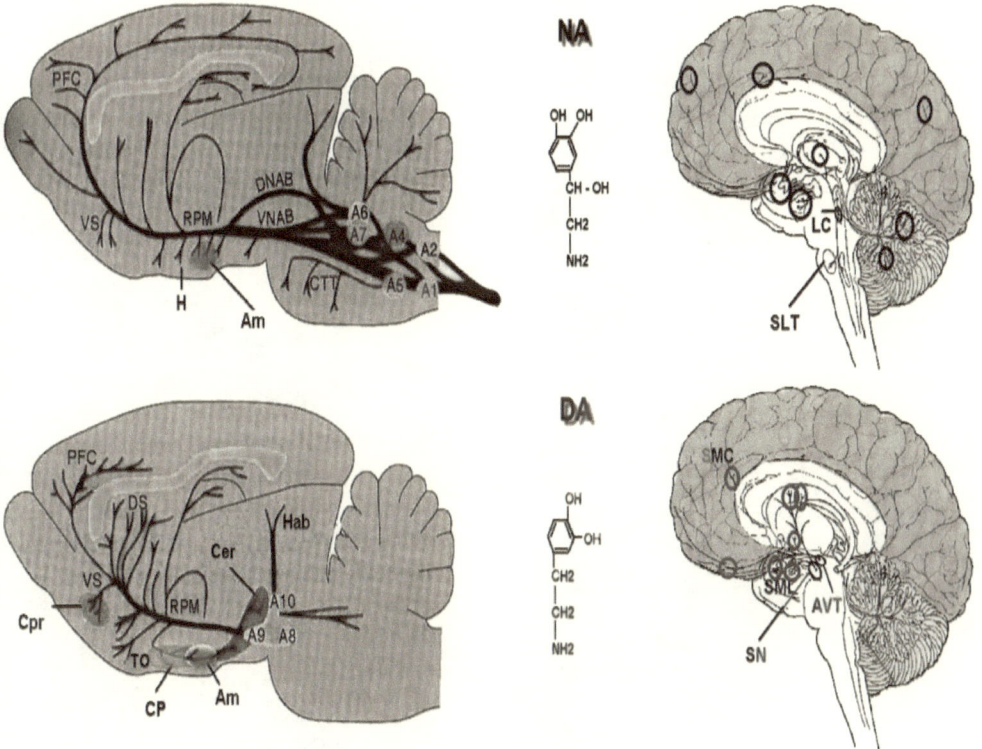

Fig. 9.10. A) Modelos filogenéticos que explican la complejidad evolutiva de la neuroquímica cerebral. Esquema comparativo de las vías, origen y distribución de los cuatro principales neurotransmisores presentes en murinos (columna izquierda) y humanos. NA, Noradrenalina. Los grupos A1 a A7 incluyen al *locus coeruleus,* LC. RPM Rama Prosencefálica medial; DNAB, Rama Ascendente Dorsal; VNAB, Rama Ascendente ventral; CTT, Tracto Tegmental Central; VS, *Striatum* Ventral; PFC, corteza prefrontal. DA, Dopamina. Los Grupos A8 a A10 son células dopaminérgicas. TO, tubérculo Olfatorio. DS, *Striatum* Dorsal. Cer, Corteza Entorrinal. CP, corteza piriforme. Cpr, Corteza Perirrinal. El sistema dopaminégico **DA**, sintetizando mayormente DA en *sustancia nigra* (SN). El área ventrotegmental (AVT), tiene fibras cuyas proyecciones arriban al sistema mesolímbico (SML) y sistema mesocortical (SMC) sobre CPF principalmente. El sistema Serotoninérgico, sintetiza SER, en núcleos del rafé en el tallo cerebral, como el rafé dorsal (NRD), rafé rostral (NRR) y rafé caudal (NRC). Sus tractos se

proyectan a áreas prosencefálicas, ganglios basales, sistema límbico, tálamo y corteza. El sistema colinérgico, sintetiza Ach, desde el núcleo prosencefálico basal (NPB) proyectándose sobre corteza cerebral y sistema límbico; mientras que del núcleo colinérgico del tallo (NCT), sus ramas llegan al tálamo, subtálamo y a estructuras paralímbicas. En el centro, las fórmulas químicas de cada neurotransmisor y en círculo, las áreas donde cada uno de ellos tiene mayor participación.

Ser, Serotonina. B4 a B9 Grupos celulares del rafé.   Obsérvese sus proyecciones dorsales y ventrales.

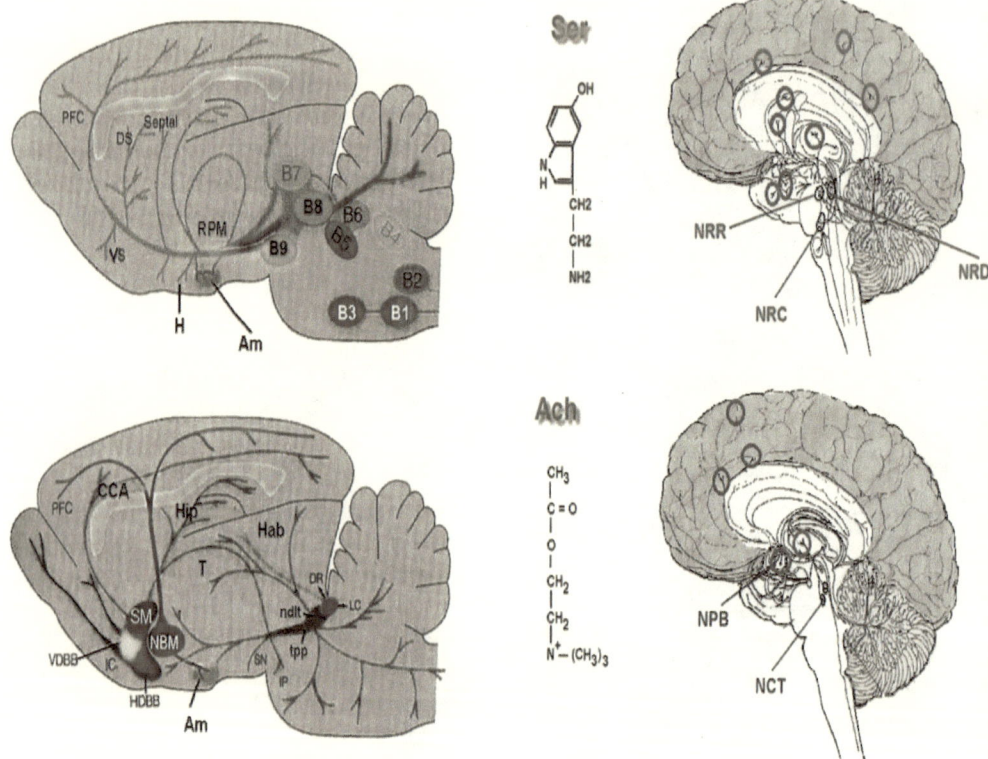

Ach, Acetilcolina. Se ilustran grupos celulares rostrales. NBM, *Nucleus Basalis Magnocelularis* o de Meynert en primates; SM, Septum Medial; VDBB Núcleo de la rama vertical de la banda diagonal de Broca, HDBB Núcleo de la rama horizontal. Ic, Insula de la Calleja. SN, *sustancia nigra*; IP, núcleo interpeduncular; DR, Rafé Dorsal. ndlt, núcleo dorsolateral tegmental; tpp, Núcleo Tegmental Pedúnculo pontino. Hab, Habénula; Hip, Hipocampo; T, tálamo; H, hipocampo; Am, amígdala. En la columna derecha (arriba), el sistema noradrenérgico en humanos. Las neuronas pertenecientes al LC, *locus ceruleus;* extienden sus axones caudalmente hacia médula espinal, localmente hacia tallo y cerebelo y rostralmente a tálamo, subtálamo, sistema límbico y neocortex. El sistema lateral tegmental (SLT), envía información con NA principalmente a hipotálamo y amígdala. A partir de Robbins y Everitt, 1995 y Hobson, 2001; Siegel et al, 2012.

La densidad de norepinefrina varía en cada uno de los subsistemas cerebrales. Por ejemplo, en la vía visual es mayor la concentración en las unidades yuxtaestriadas tectopulvinares que en la porción inferotemporal genículo-estriatal (Morrison & Foote, 1986). Esto sugiere que existe mayor concentración del neurotransmisor en las fibras nerviosas que requieren de análisis visuoespacial y visuomotor.

La recaptura de neuro transmis or en la hendidur a sináptica es crucial

El método de recaptura de los neurotransmisores fue originalmente descrito por el Nobel 1970 Jules Axelrod, quien observó que a nivel tisular existían efectos que evitaban la degradación catabólica, particularmente en áreas parisinápticas y en los sinaptosomas (Axelrod, 1971).

Este evento molecular, que se lleva a cabo en la presinapsis, tiene el concurso de gran cantidad de aminas biógenas, como la triptamina, tiramina y las anfetaminas, que compiten por sitios de almacenamiento vesicular. Sin embargo, tal mecanismo puede ser inhibido por reserpina, teniendo como efecto una gran disminución de catecoles endógenos circulantes. Otro instrumento que inhibe la síntesis de estas sustancias es la Monoamino Oxidasa (MAO), que elimina o *"deamina"* el radical NH de las catecolaminas en dos fases; primero a ácido por acción de los aldehídos; o bien, las convierte en glicoles, gracias a la actividad de la aldehído reductasa (Petersen et al, 1985).

De esa forma, la MAO inactiva los catecoles, que circulan libres en la terminal presináptica pero no están protegidas del almacenamiento en las vesículas. Por si esto fuera poco, existen isozimas, o enzimas que enmascaran su acción para lograr efectos degradadores de la actividad catecólica. La MAO A se encarga de la des-aminación de Norepinerfrina (NE) y Serotonina, mientras que la MAO B lo hace de las incriminadas feniletanolaminas (PHE) y la interesante β - PHE. En cuanto al hígado, la MAO es importante en la encefalopatía hepática, pues de su acción depende que no haya liberación de tiramina, uno de los falsos neurotransmisores que se incrementan cuando hay disfunción específica de esta glándula. Algunos alimentos, como el arenque, el vino de oporto, o quesos cuyos tratamientos preservativos incluyen tiramina, también son desactivados por la acción protectiva de la MAO, evitando sucesos que desencadenen hipertensión por alteración básica de la homeostasis de sodio. La catecol-O-metil-Transferasa COMT es otro potente degradador de la actividad biogénica de estas aminas, sobre todo a nivel eritrocítico (Siegel et al, 2012).

La instalación de la compleja sintomatología de la encefalopatía hepática, involucra con gran relevancia a la monoamino-oxidasa (MAO).

34.1.1 LA ACTIVIDAD PLURIFUNCIONAL DE LA DOPAMINA

El gran centro de producción dopaminérgica se encuentra en la Sustancia *Nigra*, con vías que interactúan hacia los demás ganglios basales, básicamente el estriado. Este sistema nigrostriatal dopaminérgico, mencionado en el módulo 32, resulta muy importante para comprender la fisiopatología de enfermedades neurodegenerativas como el *Parkinson*. Esto incluye la participación de proyecciones hacia la médula espinal a través del tracto espino-talámico; el congruente funcionamiento de los estratégicos núcleos caudado y lenticular, que requiere gran cantidad de dopamina; el área ventral protuberancial y sus proyecciones hacia el mesencéfalo y sistema mesolímbico, donde se encuentra el núcleo *accumbens*, la amígdala, el hipotálamo y demás componentes que se encuentran en la base diencefálica y la CPF.

¿Cuáles son los receptores pre sinápticos de mayor relevancia neuro psiquiátrica

La exocitosis se cumple de manera idéntica que para el resto de neurotransmisores. Almacenados tras su síntesis y transportados hacia la membrana celular para preparar su liberación dependiente de canales de calcio tipo N. El sustrato de liberación entre las vías dopaminérgicas depende de la interacción sináptica típicamente descrita por los modelos clásicos; ya que la dopamina, una vez sintetizada, es empacada en vesículas y transportada a la membrana celular para ser liberada. En estos eventos, la actividad postsináptica de D1 y D5, es mucho más notable que en los eventos de transferencia de información vistos en la presinapsis, cuyo predominio es significativo para D2, D3 y D4 (Centonze *et al*, 2003), pero fuertemente activas en memoria, para D1 y D5 (Huang et al, 2014).

La dopamina requiere de una gran variedad de receptores distribuidos ampliamente a nivel central.

El receptor D1 activa la vía de la adenilato ciclasa, incrementando AMPc a través de un transductor de señales transmembranal heptahelical denominado Proteína G Estimuladora *(Gs)*. Los receptores presinápticos, o autoreceptores, son importantes en las vías de inhibición presináptica. Entre ellos se encuentra la familia de los D2 y sus derivados, D3 y D4, cuya gran afinidad sobre fármacos antipsicóticos opera mediante otro tipo de modulación por proteínas Go y Gi. En zonas límbicas, predominan los receptores D4, explicando su relevancia neuroconductual, sobretodo en hipocampo e hipotálamo (Lee *et al*, 1994, Huang et al, 2014).

Los fenómenos de recaptura, que tienen una relevancia farmacológica muy importante, máxime en los procedimientos de memoria de trabajo y en los padecimientos psicóticos y adictivos, se llevan a cabo por medio de una red de transporte bimodal (Goldman-Rakic, 1996), dependiente del clásico empaquetamiento vesicular y consecuente tránsito presináptico transmembranal encargado de los fenómenos relacionados con la exocitosis; y por otro lado, son efectuados por un cotransportador iónico monovalente tipo Na^+ o Cl^-, vinculado con el neurotransmisor. Tal cotransporte tiene un fundamento de conservación energética, que le otorga su gradiente electroquímico hacia el compartimiento intracelular, y mantenido por la ATPasa de Sodio, encargada del movimiento de partículas hacia el exterior celular.

Los mecanismos de recaptura inter sinápticos ayudan en la terapéutica

El comportamiento de receptores dopaminérgicos puede ser alterado por efectos neuromodulatorios de sustancias difusibles intramembranales. La interacción entre receptores dopaminérgicos y la regulación negativa por segundos mensajeros se ha probado en modelos con deleción puntual en ratones deficientes de la enzima cinasa 6, en los que se ha encontrado hipersensibilidad de los receptores acoplados a proteína G, lo que fortalece la importancia del acoplamiento de los receptores heptahelicales en el óptimo funcionamiento de las proteínas transmembranales (Gainetdinov *et al*, 2003).

BOX 9.1

REDES QUE CARACTERIZAN EL PERFIL
ESTÉTICO DE UN CEREBRO.

Desde el punto de vista de la conjunción de las funciones cerebrales superiores, sin duda, el tema que más llama la atención es el de la creatividad (*Cfr.* Cap 1). En el caso de la creatividad y la imaginación, la mente humana es capaz no solo de recuperar eventos memorables y traducirlos en imágenes (Cfr. Cap 4), ya sean los que arriban por vía olfatoria o auditiva, sino además siguiendo una estructuración mental a partir de otros recuerdos o percepciones antiguas. Esto obedece a perfeccionamientos previos (sobre todo en disciplinas artísticas) y obvio, también a predisposiciones genéticas que estructuran molecular y neurobiológicamente la capacidad creativa inmanente del intelecto.

Así por ejemplo se pueden recuperar e imaginar conciertos auditivos, recordar tonadas de canciones sin estarlas escuchando o incluso componer sin tener una estructura definida de lo que se va construyendo (Zatorre & Halpern, 2005). Es así que existe un cerebro del músico, en el que predominan las redes auditivas que procesan indudablemente area de Wernicke, y AB 41-42, que son capaces de discriminar intensidad tono y timbre; además de identificar por sensopercepción la orientación de donde viene y a quien pertenece una voz, un ritmo, o que tan real es un maullido de gato.   Ese   tipo   de   cerebros   son predominantemente auditivos.

El cerebro auditivo, evoca sonidos e identifica voces memorables con notable velocidad.   La representación mental de sonidos estéticamente afines a los individuos, requieren ciertamente de la participación cortical que mayormente es integrada en el giro temporal superior (Zatorre & Halpern, 2005).

Existe   otro   tipo   de   procesamiento preponderante para otros, en este caso son los que se les facilita el aprendizaje de idiomas, la escritura y caligrafía artística, la lectura rápida y la creación poética o autoral de novelas, cuentos y facilidad de narración, y quienes tienen facultad especial para recordar números y textos e incluso nombres, siempre y cuando asocien con lectura sus archivos de memoria.

En este caso, los científicos apuestan por involucrar estructuras estriadas y de ganglios basales, donde se procesa este tipo de información, creando el modelo de disociación del lenguaje (Ullman *et al*, 1997). Este tipo de cerebros obedece entonces a un procesamiento gramatical e incluye redes estriado – palidales y también, de otras estructuras subcorticales como el complejo amígdalo-hipocampal y especialmente la elaborada red que se gesta entre el área de broca (AB 44-45), la corteza premotora y la CPFDL (AB 9-46), con una contribución mayormente dopaminérgica (Flaherty, 2005).

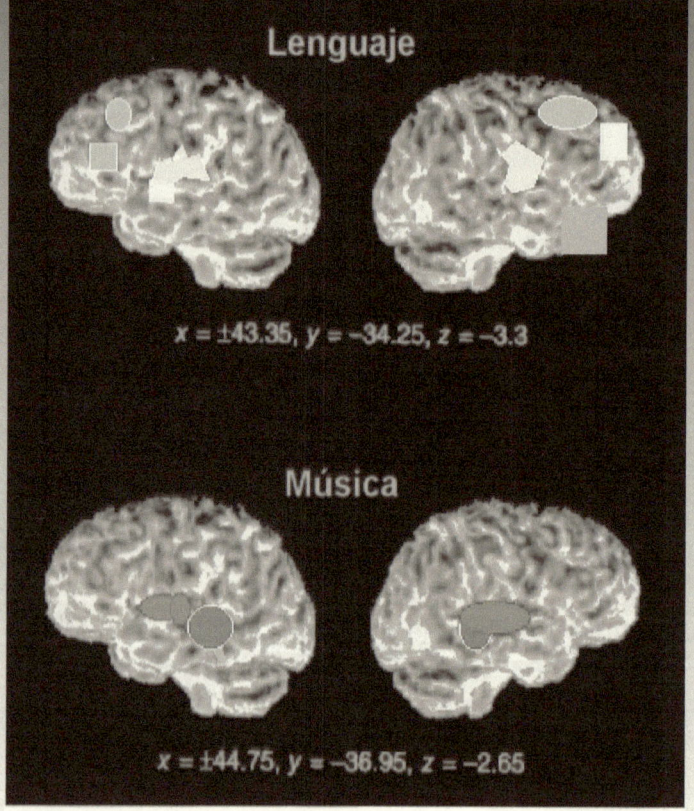

El cerebro gramatical tiene una gran dependencia del funcionamiento de los ganglios basales y sus conexiones talámicas (verde), consumiendo notables concentraciones de dopamina. En amarillo en hemisferio izquierdo, la actividad cortical del área de Broca, y en fucsia en ambos hemisferios, actividad premotora y de carácter cognitivo de predominancia prefrontal (A partir de Koelsch *et al*, 2004). (*Cfr*. Cap. 16).

El tipo de cerebro que es observado con más frecuencia, generado por la dominancia cortical, el constante oficio sináptico a altas velocidades y la especialización de sus columnas neuronales, es el que utiliza mayormente la corteza occipital (AB 17-19), en sus modalidades V1 a V6, así como la corteza parietal especializada en formas y figuras (*Cfr.* Libro 4). Este tipo de cerebros son hábiles en el procesamiento espacial, se observa no solo en pintores, artistas visuales, diseñadores gráficos, diagramadores sino que de manera entrenada pueden desarrollar técnicas visuales vanguardistas como juegos electrónicos, y también en el cálculo que llevan a cabo bailarines, deportistas e incluso pilotos en algunas variables de velocidad y en el manejo de su propio espacio. De esta forma, no son muy proclives a procesar datos gramaticales pero si pueden almacenarlos de manera visual como iconos y luego con un entrenamiento, asociar un significado para determinada imagen (Petersen *et al*, 1987).

Los cerebros visuo-espaciales despolarizan en el pulvinar del tálamo, antes de procesar la información en áreas corticales.

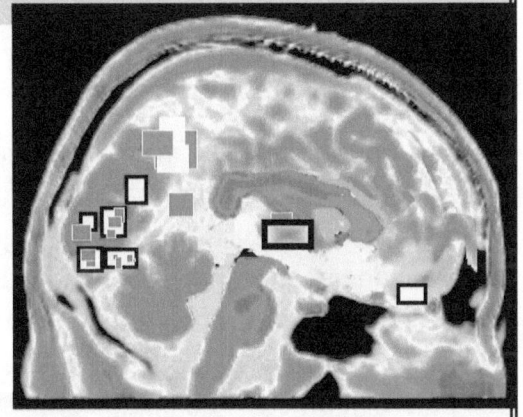

Los cerebros que son notables en el cálculo en especial matemático (*Cfr.* Módulo 36), utilizan esencialmente redes de memoria y gran parte de su éxito está basado en archivos mnésicos (tablas de multiplicar, fórmulas algebraicas, planteamientos hipotéticos, despejes de variables, etc.) y mediante esta mecanización reverberante, las redes encargadas del cálculo mental, están en constante fortalecimiento sináptico facilitando procesos de plasticidad y sinaptogénesis, útiles para la sobrevivencia neuronal y como efecto profiláctico para mantener redes neurales hábiles en preparación de contingencias de índole conciencial. Cuando un cerebro es mayormente analítico; utiliza principalmente las cortezas premotora y prefrontal, en íntimo intercambio de neurotransmisores con las neuronas que procesan mayor *input* sensorial, ya sean visuales, auditivas o procedentes de áreas subcorticales.

34.2 EL SISTEMA SEROTONINERGICO

La serotonina es muy importante en los periodos de alerta, la modulación de los estados de vigilia y sueño, y goza de gran relevancia en los mecanismos de conciencia de la formación reticular, así como también en los eventos modulatorios intersinápticos de padecimientos psiquiátricos, donde sus dispositivos de recaptura en la hendidura sináptica tienen un desempeño fundamental para la terapéutica de las depresiones. Otra función interesante de la serotonina es su participación en la plasticidad sináptica, y su asociación con el calcio intracelular, el cual influye en la conversión de triptófano a 5 HTP mediante la acción fosfoforilante de la CaCM K II, que fosforila la enzima hidroxilasa del triptófano, y también por la PKA, vía AMPc. Dichas modificaciones pueden estar ligadas a acitividad plástica en regiones cerebrales específicas. Sobre el aparato digestivo, tienen influencia metabólica principalmente en aferentes nerviosas simpáticas, modulando la secreción intestinal y con gran influencia en sucesos inflamatorios crónicos; asimismo, en conjunto con fenfluramina, modula las dinámicas de ingesta en pacientes obesos, suprimiendo el apetito, principalmente en el receptor 5HT1b, en el núcleo paraventricular del hipotálamo (Zambrano, 2014 d)

El neuro transmisor más involucrad o en mecanismo s depresivos es la

La serotonina tiene una acción inhibitoria sobre los efectos luminosos en los ritmos circadianos. Experimentos con animales, donde se lesiona la vía serotoninérgica, exhiben una interrupción en el ritmo diario de la dependencia a corticosteroides, sólo restablecido al incrementarse la estimulación fótica, lo que demuestra su trascendencia para el funcionamiento del denominado marcapaso circadiano. A ello se le suma la actividad de la melatonina, una hormona dependiente de la glándula pineal, cuya función es importante en los ciclos luz-oscuridad, y que actúa a través de la conocida vía multisináptica y en los relevos del ganglio cervical superior, modulando neuropéptidos (Mukda et al, 2009). Durante la luz diurna, la síntesis y secreción de melatonina depende del impulso proveniente del sistema nervioso simpático y, por la noche, su activación depende de norepinefrina y de la asociación de β - adrenoreceptores en la glándula pineal, que incrementan la formación de AMPc con igual participación de los α_1 adrenoreceptores, que también amplifican esta respuesta. Se han clonado en mamíferos dos receptores para melatonina. Mel 1 a, en la *pars tuberosa* hipofisiaria y el Mel1 b, encontrado muy frecuentemente en retina, y con una similitud de 60% en secuencia genética (Reppert *et al*, 1996).

En el *Rafé* dorsal del tallo encefálico, existen más de nueve tipos de núcleos, cuyas neuronas tienen sofisticados grados de especialización

De acuerdo con la clasificación histofluorescente de Dahlstrom y Fuxe, realizada en los años 60, los grupos celulares implicados en la producción de serotonina, también llamada 5-hidroxitriptámina, son nueve. Tal y como se observa en la figura 9.8: B1, núcleo del rafé palidal, B2, núcleo oscuro del rafé, B3 *Nucleus Reticularis Paragigantocelular* (NRPGC). B4 Porción dorsolateral del Nucleus obscurus,(NODL); B5 Núcleo del Rafé Medial, porción caudal (NRMc); B6 Parte caudal del Núcleo del Rafé

Dorsal (NRDc) , B7 zona rostral del rafé dorsal NRDr B8, Rafé medial (NRM), y *Pontis oralis* (NPO) compartiendo con B9, la región supralemniscal (NPO-SL) (Tork, 1990).

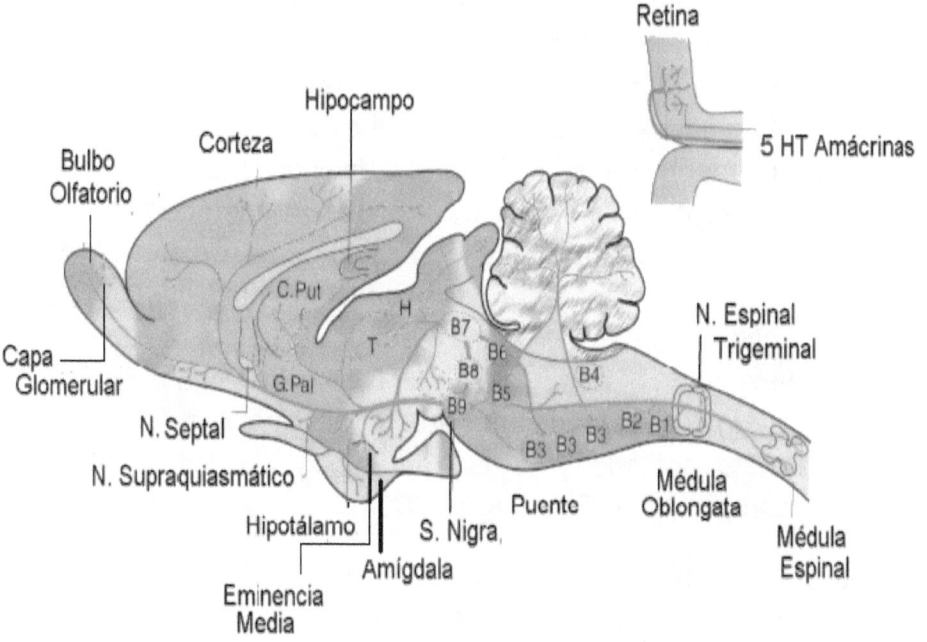

Fig. 9.11 El sistema serotoninérgico. Tiene su origen en el núcleo del rafé en el tallo cerebral. Nótese la importante contribución a ganglios basales y al hipotálamo. Los grupos neuronales B8 y B9 se localizan en el *nucleus reticularis pontis oralis,* B1 y B4 comparten el núcleo del rafé *obscurus.* Abrev. H. Habénula, T. Tálamo. C. Put. Caudo-putamen. y G. Pal. *Globus pallidus*, (Modificado de Consolazione & Cuello, 1982).

La mayoría de las fábricas de este vital neurotransmisor se encuentran en los somas neurales de los núcleos del rafé, en la formación reticular del área mesopontina. El más amplio de estos núcleos es B7. Del rafé mesencefálico emergen dos ramas ascendentes, principalmente al área ventrotegmental y al prosencéfalo. Ambas convergen en el hipotálamo caudal. El rafé mediano se proyecta sobre hipocampo, *septum*, amígdala e hipotálamo, mientras que el dorsal va hacia conformaciones estriadas y, finalmente, ambas llegan a la corteza. El núcleo del rafé puede recibir interacciones de otros neurotransmisores, o mensajes desde el tallo, área tegmental o sustancia *nigra*, de calidad dopaminérgica; del núcleo superior vestibular, con acetilcolina; del *locus coeruleus*, con sustento noradrenérgico; o del tracto solitario y ramas del hipogloso, con norepinefrina (Siegel et al, 2012).

La variedad neuro farmacológica de los receptores a serotonina incluye el manejo terapéutico de las psicosis, mediante la interacción con los llamados antipsicóticos atípicos.

El sustrato bioquímico que necesita al 5HT para sus síntesis se obtiene de los aminoácidos, primordialmente del triptófano (TRP), aunque otros aminoácidos neutros como fanilalanina, leucina y metionina son transportados por la misma vía. De la concentración de estos sillares de proteínas neutros depende la entrada de TRP al cerebro. Las células serotoninérgicas contienen L-triptofano-5 monooxigenasa, que convierte el TRP a 5 Hidroxitriptófano, o 5 HT, el precursor más cercano a la serotonina. El ADNc, que codifica para la TRP hidroxilasa en cerebro y glándula pineal, ya ha sido debidamente clonado y secuenciado, obteniéndose una gran familia de receptores que incluyen los presentados en la tabla. Su variedad oscila mínimo dentro de siete tipos mayores, y entre ellos existe división, fundamentalmente en 5HT1, 5HT2 y 5HT5 (Chattopadhvay, 2007).

La importancia esencial de los receptores es que son los blancos por excelencia de importantes fármacos frecuentemente utilizados en psiquiatría, como los antidepresivos, cuya acción radica en la inhibición de la recaptura del neurotransmisor a nivel de la hendidura sináptica. Otra clase de antidepresivos tricíclicos, como la Fenelzina y la Tranilcipromina, están dentro de la categoría de inhibidores de la MAO (monoamino-oxidasa), la enzima encargada del catabolismo de las aminas biogénicas (5HT, DA y NE) que, como se sabe, son cruciales en el metabolismo químico funcional del cerebro (Ver figura 9.12).

Varias categorías neuro fármaco lógicas se procesan en la hendidura sináptica, relacionad as con trastornos psiquiátric os y neuro químicos.

La relación con serotonina se ha evidenciado en la idea consistente de que el incremento de transmisión serotoninérgica puede producir mejoría de la sintomatología depresiva. Los IRS (inhibidores de recaptura de serotonina), ampliamente conocidos en el mercado globalizador de las transnacionales farmacéuticas, y recetado copiosamente por quien sepa escribir y tenga facultades para hacerlo, tienen una eficacia considerable, incluso en el llamado trastorno obsesivo-compulsivo. Incluso los ansiolíticos clásicos como la benzodiacepina, para cuyo efecto requieren de la vía preferente del receptor GABA, encuentran cierta competencia farmacológica de los llamados nuevos ansiolíticos, que actúan siguiendo las vías serotoninérgicas; en particular, los agonistas del receptor 5HT1a, como la buspirona y gepirona (Campbell & Cochrane Database, 2011).

El receptor 5HT2A, es responsable de importantes funciones inter sinápticas relacionadas con el generador de alucinaciones mentales.

En el caso del receptor 5HT2A, éste interactúa con antipsicóticos atípicos como clozapina y olanzapina, compartiendo esta propiedad con los clásicos fármacos que tienen la misma actividad, como el haloperidol y cloropromazina. La actividad alucinatoria de algunas sustancias, como los psicodélicos y el LSD, tema neuroepistémicamente discutido dentro de los estados amplificados de la conciencia (Zambrano, 2014 b), se relaciona con la interacción farmacológica de 5HT2a y 5HT2c (Aghajanian & Marek, 1999).

La función de los inhibidores de recaptura de serotonina ha sido asociada desde finales del siglo XX como antidepresivo (Asberg et al 1986).

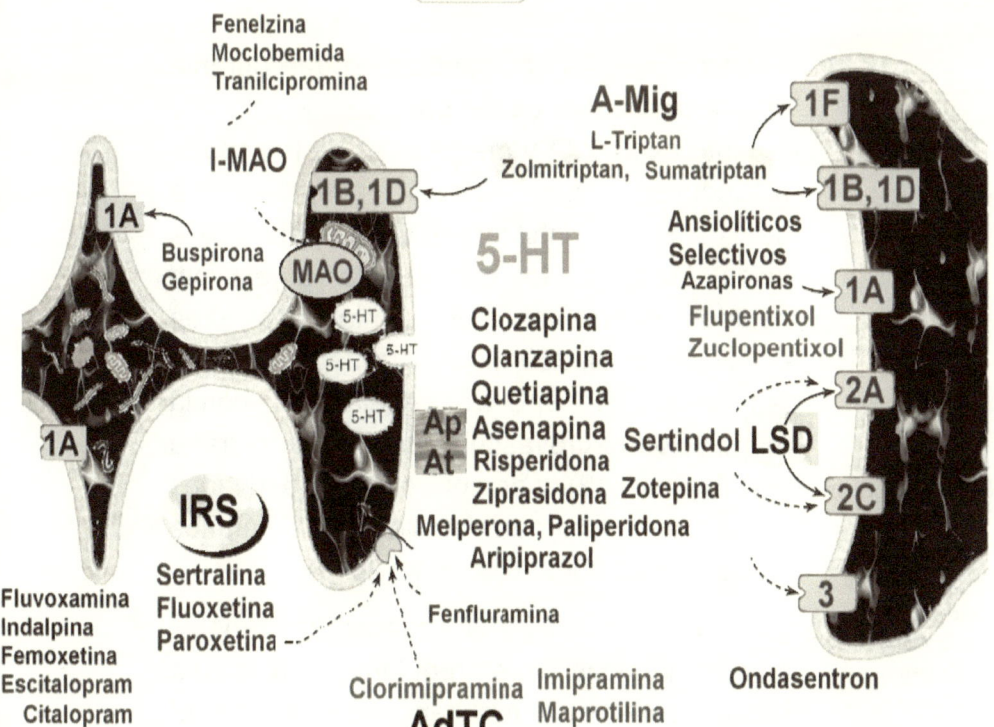

Fig. 9.12 Importancia Neurofarmacológica de la MAO y de los receptores serotoninérgicos. Efectos de las drogas psicoactivas en la neurotransmisión serotoninérgica (LSD), así como mecanismos de recaptura inherentes a la dinámica intersináptica de la serotonina y otros mecanismos antidepresivos. Los llamados antipsicóticos Atípicos (Ap. At.) se ligan al receptor 5HT2A, y son relativamente más potentes que los antipsicóticos clásicos como Cloropromazina, Haloperidol. Incluyen los de segunda generación: Clozapina, Risperidona, Olanzapina, Ziprasidona, Quetiapina, Sertindol, Aripiprazol, Paliperidona, Amisulprida, Zotepina, Asenapina, Iloperidona, lurasidon, Perospironao o Blonanserina, entre otros; y compiten con Tioridazinas, Perfenecina y Penfluridol, etc. Los fármacos que son agonistas están indicados en flechas continuas, mientras que los antagonistas son representados en líneas interrumpidas. Los receptores 5 HT, también tienen una gran influencia en los mecanismos vasculares que producen cefalea migrañosa. Apoyado en su fisiología se ofrecen alternativas terapéuticas para el dolor neuropático trigeminal y otros trastornos de difícil control. El 5HT3, es un receptor donde actúan fármacos con actividad neuroentérica. Abreviaturas: MAO, Monoaminooxidasa; 5HT, 5 hidroxitriptamina; IRS, Inhibidores de Recaptura de Serotonina; AdTC, Antidepresivos TriCíclicos, A~Mig, antimigraña; LSD, dietilamida del acído lisérgico. (Modificado de Siegel *et al*, 1999 y 2012; Leucht et al, 2014).

Sin embargo, hay evidencias de que durante el ciclo menstrual existe gran participación de receptores 5HT2A y mediadores de transporte plaquetario, que fijan receptores a medicamentos (inhibidores de recaptura) y a ácido lisérgico, lo que ayuda a explicar estados depresivos durante la fase lútea (Wihlback *et al*, 2004). Otros receptores de la familia del 5HT1 B, D y F, se relacionan con la modulación neurovascular durante la migraña (ver Figura 9.12), y se controlan por derivados de la multisocorrida familia de L-Triptanos (Kayser *et al*, 2002; Law et al, 2013).

¿ Cual es la relación entre el ciclo menstrual y ciertos estados depresivos femeninos ?

Existen figuras transmembranales serotoninérgicas que regulan la actividad neurovegetativa, y resultan relevantes en el tratamiento de náusea, vómito y colitis. En colon irritable, tratamientos antieméticos, y por su afinidad con la regulación de la actividad del músculo liso, en los eventos de intolerancia a la quimioterapia, los fármacos cuyos receptores se vinculan con 5HT3 y 5HT4 suelen ser probados con gran eficacia en la terapéutica clínica (Talley, 2003). Procesos catabólicos como la terapéutica oncológica de gran carga química, estimulan las vías del sistema neuroentérico, apoyado en vías nerviosas viscerales aferentes involucradas con las células enterocromafines, causando despolarización simpática, lo que genera náusea y vómitos. Los antagonistas de 5HT3 ayudan a prevenir estas reacciones adversas del aparato digestivo, que tiene una alta densidad de los mencionados receptores (Spiller, 2003). Los pacientes terminales con cánceres severos sometidos a quimioterapia son una indicación profiláctica socorrida frecuentemente por la terapéutica clínica, aunque presentan en la actualidad ciertos grados de resistencia farmacológica (Vitalis et al, 2013).

34.3 LA ACTIVIDAD DE LOS NEUROTRANSMISORES INHIBITORIOS

A mediados del siglo XX, los científicos describieron el mayor neurotransmisor inhibitorio en el SNC de mamíferos, el ácido γ –aminobutírico, mejor conocido como GABA (Awapara *et al*, 1950). Este cumplía con los 5 criterios clásicos para considerarse neurotransmisor: 1, estar en terminal sináptica; 2, liberado por células nerviosas estimuladas eléctricamente; 3, con vías de liberación presináptica; 4, aplicación fisiológica a la neurona postsináptica y 5, tener receptores específicos.

Existen fuertes evidencias de que está implicado en síndromes convulsivos, trastornos del sueño, esquizofrenia, padecimientos degenerativos neuromusculares como las enfermedades de *Huntington* y *Parkinson*, disquinesia tardía y

¿Cuales son los criterios para que una sustancia, sea considerada neuro transmisor

retardo mental, además de una gran relevancia farmacológica en algunos abordajes terapéuticos para la ansiedad, y cierta potenciación farmacológica al unirse con barbituratos y anestésicos (Siegel et al, 2012).

Su ubicación, casi generalizada en toda la extensión cerebral, en algunas regiones alcanza mayor densidad incluso que las catecolaminas. La liberación de GABA es obviamente estimulada por la despolarización neural presináptica, y tiene dinámicas de recaptura con células gliales en forma bidireccional, requiriendo para su ejecución de iones como sodio y cloro, otorgando la fuerza electromotriz y cambios en el gradiente de concentración, que finalizan con la selección glial o de la neurona madura para su reciclaje como semialdehído.

De los dos receptores de GABA, depende la mayor parte de actividad inhibitoria del cerebro.

Los receptores a GABA son identificados bioquímica, electrofisiológica y farmacológicamente. Entre ellos se encuentra el GABA A, con un potencial de equilibrio a –70 mv que tiende a la hiperpolarización de la membrana, lo que le da su carácter inhibitorio, siempre apoyado por el ingreso del ión cloro, y el GABA B, sensible a baclofen. Su subunidad β del receptor puede ser fosforilada por PKA, pero también se ha reportado fosforilación de $\beta\sim\gamma$ por PKC (Silkis, 1996). Igualmente, la fosforilación (PKC y PKA) y la interacción con otros neurotransmisores, puede darse entre células piramidales y receptores serotoninérgicos ($5HT_{1-2-3}$) en interneuronas de CPF, especialmente con las subunidad β y γ-2 del receptor GABA A, constituyéndose éste dato como uno de los más trascendentes para fundamentar una alternativa terapéutica en el actual manejo con antidepresivos (Yan, 2002; Wabno & Hess 2013).

En contraste, la actividad de los neuroesteroides en la modulación de canales inhibitorios es mayormente evidenciada en canales GABA A (Brussaard & Koksma, 2003). También se estudia la participación de factores neurotróficos como el BDNF, que modula los mecanismos rápidos de inhibición presináptica asociados a la fosforilación de receptores GABA A (Jovanovic *et al*, 2004) y, de mayor interés, la participación de la subunidad β-3 en padecimientos neurológicos con sintomatología convulsiva (*Cfr.* Módulo 32.2.2).

34.3.1 LA GLICINA

Glicina también es considerado un potente aminoácido inhibitorio. Hacia 1965, se describieron los primeros hallazgos de su acción en médula espinal, en cuya área se le reconoce como el mayor NT inhibitorio. El precursor inmediato de la glicina es la serina, cuya conversión a aminoácido depende de la

La médula espinal es una estructura que tiene una gran densidad de neuro transmisores inhibitorios como la enzima serina hidroximetiltransferasa. Al igual que GABA, la dependencia de calcio para su liberación de la terminal sináptica también ha sido demostrada. La activación del receptor a glicina depende de β –alanina, taurina, serina y prolina, y tiene un antagonista de gran potencia, como el alcaloide conocido como estricnina. Es de resaltar que la glicina, con todo y su determinante función inhibitoria, puede depender para su activación del receptor de NMDA. No obstante, esta política sociedad de la naturaleza intersináptica puede comprenderse más como parte de un complejo neuromodulatorio que como un evento propio de la característica neurotransmisora. Como el GABA A, y al igual que el receptor nicotínico de Ach, tiene subunidades con cuatro segmentos hidrofóbicos, M1-M4. La importancia de este AA inhibitorio radica en su gran expectativa farmacológica mayormente en patologías de la médula espinal, donde se encuentra la mayor densidad de sus receptores (Siegel et al, 2012).

Glicina y GABA, son los neuro transmisores inhibitorios más conocidos.

34.4 LOS NEUROTRANSMISORES EXCITATORIOS.

El glutamato y el aspartato, los aminoácidos no esenciales que no atraviesan la barrera hematoencefálica y además, son sintetizados a partir de glucosa y otros precursores, también se consideran transmisores encefálicos.

Las enzimas encargadas de su metabolismo están siempre localizadas en células nerviosas adultas y en neuroglia. El ácido glutámico es una importante reserva metabólica, junto con el ácido α-cetoglutárico y la glutamina, que interactúa en forma directa con las células gliales. Finalmente, la glutamina es reciclada, sirviendo para la función reservoria de GABA y glutamato en la terminal sináptica.

Como clásico NT aminoácido excitatorio, se encuentra distribuido por todo el parénquima cerebral, donde se lleve a cabo la síntesis de proteínas, pero en esencia se describe que la mayor parte se halla, con alta densidad, en las espinas dendríticas neocorticales, y rara vez en el soma. La activación vesicular se efectúa por medio de Mg^{2+} y ATP, y depende del gradiente electroquímico normalmente vinculado con el ácido aspártico, cuyo principal banco de reservas parece encontrarse en el *cortex* hipocampal. Su función receptora tiene gran importancia en los fenómenos asociados a la memoria, mediante el famoso canal-receptor NMDA, descrito en los módulos correspondientes de este libro. Valga aclarar que la fuerte expresión de mGluR2 en las células granulares del giro dentado tienen una

NMDA y AMPA, son clásicos neuro transmisor

importancia fundamental para la regulación presináptica de la transmisión en la vía de las fibras musgosas y las sinapsis excitatorias CA3 piramidales (Brandalise & Gerber, 2014).

34.5 EL ROL HISTAMINÉRGICO

El receptor H3 de la histamina, ha sido involucrado en mecanismos de recompensa cerebral y en padecimientos inherentes al sistema mesolímbico como la obesidad.

A diferencia de los demás neurotransmisores, la neuromodulación histaminérgica es un tema relativamente nuevo en neurociencias. Su función reguladora tiene relación con la mimetización de la morfina en los eventos de dolor e inflamación; puede vincularse con sus receptores H3 en el tratamiento de la obesidad, disturbios del sueño, epilepsia y algunos trastornos cognitivos relacionados con sucesos neurodegenerativos. Por naturaleza, y durante gran parte del siglo XX, se le conoció mayormente por su actividad inhibitoria en la fisiología de la secreción gástrica, o por su componente inmunológico ligado a la degranulación de mastocitos manifestados en las alergias. Además, se ha documentado que la histamina aparece en fotorreceptores de insectos y, como neurotransmisor, en los complejos neurales de la *aplysia*, el paradigma por excelencia de la investigación neurocientífica en memoria y aprendizaje (Stuart, 1999; Gorska-Andrzejak *et al*, 2003).

Recientemente se ha involucrado la participación multi-efectora del receptor H4, que mayormente ha sido asociado a mecanismos de inflamación y respuesta inmune. Sin embargo, pese a que su actividad neuronal ha sido pobremente estudiada, se ha relacionado con el procesamiento nociceptivo al calor. De esta forma, los investigadores trabajan en el pleiotropismo genético de H4. Es decir, un carácter múltiple neuromodulatorio compatible con dolor, ansiedad, en memoria y anoréxico que pudiese ser asociado a rasgos psico-neuroinmunológicos (Galeotti et al, 2013).

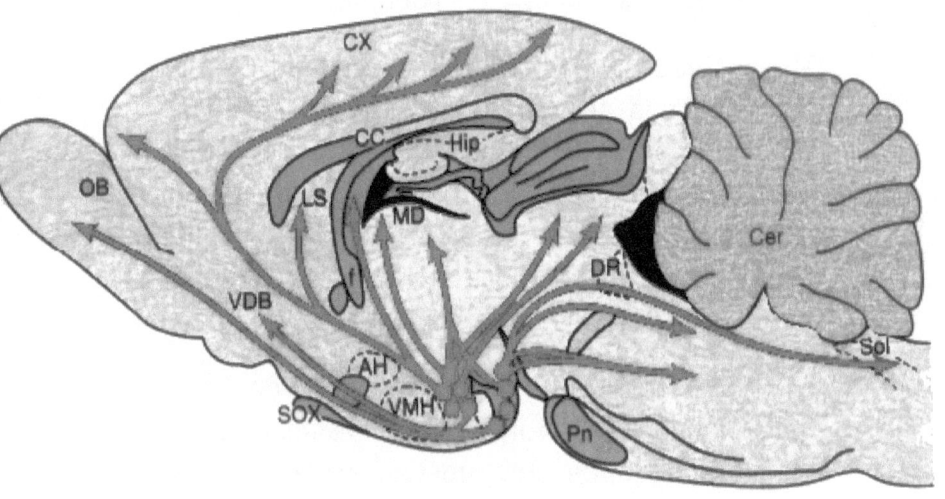

Fig. 9.13. Las fibras histaminérgicas. En un corte sagital se ilustran vías ascendentes y descendentes. AH. Hipotálamo anterior. CC cuerpo calloso, Cer. Cerebelo, Cx Corteza, DR Rafé dorsal, F fornix, Hip, Hipocampo; LS Septum lateral, MD Talamo mediodorsal, OB, bulbo olfatorio; Pn,. Núcleo pontino; Sol, Núcleo del tracto solitario; SOX, decusación supraóptica; VDB, rama vertical de la banda diagonal de Broca; VMH Hipotálamo ventromedial (Modificado de Siegel *et al*, 2012).

En la mayoría de las especies está presente en tálamo y en los núcleos tuberomamilares del hipotálamo basal posterior, como también en elementos donde la irrigación sanguínea puede contener basófilos y demás células que pudieran segregarla, como en los duramadre, leptomeninges y plexos coroideos. Los mastocitos durales, desplegados por toda la superficie cerebral, pueden participar en esclerosis, *Alzheimer* o encefalopatía de *Wernicke* (Mc Ree *et al*, 2000), especialmente asociados a receptores H3 (Shan et al, 2012).

En hipotálamo hay gran cantidad de receptores a histamina.

Desde estratégicos sitios peri-hipotalámicos que secretan histamina, ésta se proyecta por medio de sus vías histaminérgicas al núcleo del tracto solitario, al rafé dorsal, al giro cingulado, al *septum* y los núcleos periseptales; así como también al hipocampo, fórnix y tálamo medio dorsal y corteza.

Su perfil químico, similar al de las catecolaminas, le otorga ciertas ventajas con respecto de otros compuestos; empero, una interesante propiedad tautomérica, dependiente de sus anillos de nitrógeno, le facilitan un papel fisiológico distinto. Sus vías de síntesis y metabolismo a partir de histidina se expresan principalmente en dos formas: La oxidación, que se cumple por medio de una diamino oxidasa, hasta convertirse en un modelo de anillo imidazólico, y un segundo con participación de MAO y aldehídos (Siegel et al, 2012).

34.6 LOS NEUROPÉPTIDOS

Existe una gran cantidad de sustancias proteinadas en el cerebro, que tienen como característica fundamental actuar de modo regulador en eventos fisiológicos. Por ejemplo, en la hipófisis posterior, o neurohipófisis, la oxitocina se encarga de generar estimulación contráctil uterina durante el parto, y la vasopresina es responsable de mantener el volumen osmolar e inhibir constantemente la función diurética; ambos son péptidos de nueve aminoácidos, muy similares en forma y localización. En la tabla 9.1, se encuentra la mayoría de familias peptídicas con similar función. Los neuropéptidos determinan varias funciones nerviosas en diferentes especies, incluso tan primitivas como los celenterados, y en la *aplysia* se ha identificado y expresado diversidad genética propeptídica.

Los neuropéptidos también se encuentran implicados en la regulación de los mecanismos que desencadena

La diferencia fundamental entre neurotransmisores y neuropéptidos es su biosíntesis. Los transmisores tienen un componente más químico, dependiente de la actividad enzimática y de las curvas de *Michaelis-Menten*, mientras que los péptidos se modifican a partir de sus aminoácidos precursores y la conversión de sus terminales mayormente por endoproteasas y prohormonas convertasas (Pc1 y Pc2), además de exopeptidasas, que se encargan de actuar sobre sus terminales carboxilo, llamadas carboxipeptidasas (CPE). De igual forma, los NT tienen mecanismos de recaptura en la hendidura sináptica, y los neuropéptidos se sintetizan en el soma, principalmente en el ribosoma y retículo endoplásmico, sirviéndose del transporte axonal y de la vesícula especial de almacenamiento peptídico (LDCV, por sus siglas en inglés, *Large, Dense, Core Vesicle*) para su secreción (Bulgari et al, 2014) y, finalmente, la exocitosis química desde el sinaptosoma, tiene mucho mayor dependencia al calcio que la liberación de péptidos desde la LDCV, al margen de que, para que sean ejecutados ambas dinámicas, se requiera de ATP (Seagal *et al*, 2012).

De los neuro péptidos depende gran parte de la función neuro metabólica de la función cerebral

Un ejemplo más didáctico de la interacción que se realiza entre péptidos se ofrece con la expresión de HLC (Hormona liberadora de corticotropina), y la hormona antidiurética HAD, pues las células nerviosas que contienen ADH pueden sintetizar HLC y viceversa. Esto puede entenderse gracias a la acción sinérgica que existe entre ACTH y ADH.

Tabla 9.1 PEPTIDOS DE MAYOR RELEVANCIA NEUROFISIOLÓGICA

Abrev.	Neuropéptido	Actividad Fisiológica

POLIPEPTIDOS OPIOIDES

Abrev.	Neuropéptido	Actividad Fisiológica
β-End.	β-endorfinas	Mediador del dolor
Dyn	Dinorfinas	Modulador de manifestaciones asociado a receptores κ
L-Enk	Leu-Encefalina	Presente en procesos emocionales y dolorosos
M-Enk	Met-Encefalina	Regulación en estados de ánimo

ación Intelectual

FACTORES DE LIBERACIÓN HIPOTALÁMICA

Abrev.	Neuropéptido	Agente Neuro modulador
SS	Somatostatina	
GHRH	Factor Liberador de Hormona de Crecimiento	Estimula Hormona Somatotropa
TRH	Factor Liberador de Tiroides	Estimulación a TSH hipofisiaria
GnRH	Factor Liberador de Gonadotropinas	Estimula ciclos gonadales

FIP	Factor Inhibidor de Prolactina	Evita liberación de PRL.
CRH	**Factor Liberador de Corticotropina**	**Estimula hormona ACTH**

NEUROHORMONAS

OT	Oxitocina	Estimula contractilidad uterina
HAD	Hormona antidiurética, Vasopresina	Modulación de la Osmolaridad

HORMONAS HIPOFISIARIAS

STH	Hormona de crecimiento, Somatotropina	Facilita el crecimiento
TSH	Tirotropina, Hormona tiroidea	Homeostasis de la energía metabólica al estimular la tiroides.
ACTH	Hormona Adreno corticotrópica	Estimulación de acción suprarrenal, adrenal y mineralcorticoide.
LH	Hormona Luteinizante	Formación del cuerpo Lúteo

FSH	Hormona Foliculo-Estimulante	Formación del folículo de Graaf.
PRL	Prolactina	Estimula la lactancia
α-MSH	Hormona estimulante de melanocitos	Coloración cutánea gracias a la actividad de la melanina

PEPTIDOS CON FUNCION NEUROVEGETATIVA

Mel.	Melatonina	Regulación del ritmo circadiano
Gal.	Galanina	Modulación del sueño
Ore.	Orexina	Modulación del alerta
Lept.	Leptina	Modulación hipotalámica de la ingesta.
NPY	Neuropeptido Y	Modulación del metabolismo energético y mecanismos de saciedad central.
PYY	Péptido YY $_{13-36}$	Acción sinérgica con NPY.

PEPTIDOS CON ACCIÓN NEUROENDOCRINA

CGRP	Péptido Relacionado con el Gen de la Calcitonina.	Mecanismo de acción neuromodulador asociado a calcio.

PAN	Péptido Atrial Natriurético	Asociado al control osmolar y al metabolismo de la función cardíaca.
VIP	Péptido Vasoactivo Intestinal	Regulación de la actividad neuroentérica.

PEPTIDOS DE ACCION SÓLO ENDOCRINA

Cal.	Calcitonina	Hormona asociada al metabolismo y aprovechamiento del calcio.
Ins.	Insulina	Regulador de la acumulación de glucosa sérica.
Secr.	Secretina	Modulador de actividad secretoria hormonal
PTH	Hormona Paratifoidea	Metabolismo del calcio a nivel sistémico y tisular.
PP	Polipéptido pancreático	Promueve actividades depresoras de la función cardiaca y vital regulador en la actividad pancreática.

PEPTIDOS NEUROENTÉRICOS

CCK	Colecisto quinina	Asociado con crisis de pánico.

		Moviliza ácidos biliares desde vesícula a Intestino Delgado.
SP-SK	Taquicninas, Sustancia P, Sustancia K.	Ligado a hipersalivación, actividad neuromoduladora en el dolor
Gast.	Gastrina	Modulación de liberación vagal de HCL.
GRP	Péptido Liberador de Gastrina	Estimula la liberación de gastrina.
Mot.	Motilina	Regulación de la motilidad intestinal. Asociado a Colitis Nerviosa.

PÉPTIDOS VASOMODULADORES

Ang I-II	Angiotensina I y II	Reguladores de presión arterial
BK	Bradicinina	Mediador de Inflamación. Regulador del tono vascular en eventos isquémicos cerebrales.

De igual forma, el intermediario metabólico opioide dependiente de la melanocortina, el

POMC (Pro-opio-melanocortina), está vinculado con la producción de glucocorticoides adrenales por ACTH (Mastorakos & Ilias, 2003). Así, los intermediarios melanotropos de la hipófisis interactúan con la MSH, hormona estimulante de los melanocitos, y los corticotropos producen β – lipo tropina, el precursor más importante de los opioides, pues se encarga de la generación de la β –endorfina (Gibson *et al*, 1993).

Por otro lado, los neuropéptidos son más susceptibles de ser manipulados genéticamente. En roedores mutantes, denominados *fat/fat*, se ha evitado la acción de la CPE, expresando modelos de diabetes *mellitus*, causada por altas concentraciones de proinsulina en sangre, al evitar por competencia la maduración de las moléculas de insulina madura, lo que ocasiona baja actividad hipoglucemiante y, por ende, aumento de glucosa en sangre (Haluzik *et al*, 2004).

Existen neuropéptidos que tienen mucha relevancia en el desarrollo de los mecanismos de obesidad.

El receptor Y5 del neuropéptido "Y" (NPY) fue clonado del hipotálamo. En él se evidenció que la inhibición de la adenilil ciclasa ocasiona estimulación de la ingesta; por lo tanto, la administración de NPY dentro de estructuras cerebrales produce obesidad. Un segundo péptido involucrado en la obesidad es la Leptina, un producto de los adipocitos. En un ratón mutante *ob/ob,* la leptina se fija a sus receptores en el hipotálamo, causando liberación de NPY e incrementando el peso (Wang *et al*, 2004) y en humanos, se ha demostrado un potente sinergismo entres estos neuropéptidos y la conducta humana (Keen-Rhinehart et al, 2013). A este respecto, en el apéndice X, *Sex~cualidad y Cerebro*; se profundiza sobre el tema de los neuropéptidos y su importancia en la modulación de ciertas funciones reproductivas y homeostáticas, asociadas con las leptinas, con las hormonas hipofisiarias y sobretodo con una variante del NPY, el neuropéptido YY 3-36 (PYY$_{3-36}$) mediado por el receptor M4 de la POMC; elementos implicados en la obesidad, el sexo y con el sistema de recompensa que determina la vulnerabilidad a las adicciones (Charbogne et al, 2014).

El neuro péptido Y, es una molécula profunda mente implicada en mecanismo

EXCERPTA SUCINTA

- El principal centro codificador de señales en el cerebro es el tálamo. De sus interacciones corticales y otros subsistemas dependen las acciones del intelecto.

- La modulación prosencefálica es fundamental para el procesamiento emocional.

- La interacción de la formación reticular con estructuras bulbares y mesolímbicas son esenciales para ciertas áreas neocorticales que regulan funciones de alto orden.

- Los nervios craneales gestionan funciones vitales sensoriomotoras.

- Todas las redes neuroanatómicas implicadas en el procesamiento intelectual son moduladas por sistemas de neurotransmisión química.

Literatura Fundamental y Sugerencias Bibliográficas

Berridge CW & Waterhouse BD (2003). The locus ceruleus-noradrenergic system: Modulation of behavioral state and state dependent cognitive processes. *Brain Res. Rev.* 42:33-84.

Brandalise F & Gerber U (2014) Mossy fiber-evoked subthreshold responses induce timing-dependent plasticity at hippocampal CA3 recurrent synapses. Proc Natl Acad Sci U S A. 111(11):4303-8.

Crabtree JW, Lodge D, Bashir ZI & Isaac JT (2013). GABA A, NMDA and mGlu2 receptors tonically regulate inhibition and excitation in the thalamic reticular nucleus. Eur J Neurosci. 37(6):850-9

Flaherty AW (2005) Frontotemporal and Dopaminergic Control of Idea Generation and Creative Drive. J. Comp. Neurol. 493:147-53.

Galeotti N, Sanna MD & Ghelardini C (2013). Pleiotropic effect of histamine H4 receptor modulation in the central nervous system. Neuropharmacology. 71:141-7.

Hoshi E (2013) Cortico-basal ganglia networks subserving goal-directed behaviour mediated by conditional visuo-goal association. Front Neural Circuits. 2013 Oct 21;7:158.

Huang YY, Levine A, Kandel DB, Yin D, Colnaghi L, Drisaldi B & Kandel ER (2014). D1/D5 receptors and histone deacetylation mediate the Gateway Effect of LTP in hippocampal dentate gyrus. Learn Mem. 21(3):153-60.

Kassell NF & Wooten GF (2013). Gamma Knife thalamotomy. J Neurosurg. 119(2):531-2.

Kumar V, Mang S & Grodd W (2014). Direct diffusion-based parcellation of the human thalamus. Brain Struct Funct. 2014 Mar 22

Schiff ND (2010) Recovery of consciousness after brain injury: a mesocircuit hypothesis. Trends Neurosci. 33(1):1-9.

Vitalis T, Ansorge MS & Dayer AG (2013) Serotonin homeostasis and serotonin receptors as actors of cortical construction: special attention to the 5-HT3A and 5-HT6 receptor subtypes. Front Cell Neurosci. 7:93.

Volkow ND & Baler RD (2014). Addiction science: Uncovering neurobiological complexity. Neuropharmacol.. 76 Pt B:235-49.

Revisar aún más extensamente en:

Ballard D. (1997) An introduction to natural computation. MIT Press.

Björklund A, Hökfelt T, Bloom FE & Swanson LW (1989-2000). Handbook of Chemical Neuroanatomy. Vols. 1-16. Elsevier.

Brodal P (2010) The Central Nervous System, Structure and Function, 4th ed. Oxford University Press.

Jones EG (2012) The Thalamus. Springer Verlag. 1st ed. 1985.

Mai J & Paxinos G (1990-2012). Atlas of the human brain. Academic Press: Elsevier.

Murray-Sherman D & Guillery RW (2013) Functional Connections of Cortical Areas: A New View from the Thalamus. MIT Press.

Siegel GJ, Albers RW, Brady ST & Price DL (2012). Basic Neurochemistry. Molecular, Cellular and Medical Aspects. 8th. Edition. Lippincott-Raven Publishers, Phil.

Squire L, Berg D, Bloom FE, Du Lac S, Ghosh A & Spitzer NC, (2012) Fundamental Neuroscience. Academic Press. Fourth Ed.

Steriade M, Jones EG & Mc Cormick DA (1997). "Thalamus". Vols I y II. Elsevier Amsterdam.

Steiner H & Kwei YT (2010) Basal Ganglia, Structure and function. Handbook of Behavioral Neurosciences. Academic Prss, 1st edition.

Swanson LW (2011) Brain Architecture: Understanding the Basic Plan Oxford University Press.

Talairach J & Tournoux P (1988) Co-planar Stereotaxic Atlas of the human brain. Thieme, Stuttgart, 1988.

Toga AW & Mazziotta JC (2000) Brain Mapping: The Systems, Academic Press

Vogt BA & Gabriel M (1993). Neurobiology of cingulate cortex and limbic Thalamus. Boston-Birkhauser.

Zambrano Y (2012) Neuroepistemology. What the Neurons Knowledge Tries to Tell Us. Phy Psi K'a Publishing, Co.

BIBLIOGRAFÍA REFERENCIAL
LIBRO NOVENO
(Lecturas Recomendadas y **Esenciales**)

Aharon I, Etcoff N, Ariely D, Cahbris CF, O'connor E & Breiter HC (2001). Beautiful faces have variable reward value: fMRI and behavioral evidence. *Neuron* **32:537-51.**

Ahsan RL, Allom R, Duncan JS, Brooks DJ, Koepp MJ, Hammers A et al (2007). Volumes, spatial extents and a probabilistic atlas of the human basal ganglia and thalamus. Neuroimage. 38(2):261-70

Aghajanian GK, Marek GJ (1999). Serotonin and hallucinogens. *Neuropsychopharmacology.* 21(Suppl):16S-23S.

Alexander GE & Cruchter MD (1990). Functional architecture of basal ganglia circuits. Neural Substrates of parallel processing. TINS 13:266-271.

Asberg M, Eriksson B, Mårtensson B, Träskman-Bendz L & Wägner A (1986). Therapeutic effects of serotonin uptake inhibitors in depression. J Clin Psychiatry. 47 Suppl:23-35.

Awapara J, Landua Aj, Fuerst R & Seale B (1950). Free gamma-aminobutyric acid in brain. *J Biol Chem.* 187(1):35-9.

Axelrod J (1971). Noradrenaline: Fate and control of its biosynthesis. Science 173:598-606.

Breiter HC, Aharon I, Kahneman D, Dale A & shizgal P. (2001). Functional Imaging of neural response to expectancy and experience of monetary gains and losses. *Neuron* 32: 619-39.

Brussaard AB & Koksma JJ. (2003). Conditional regulation of neurosteroid sensitivity of GABA A receptors. *Ann N Y Acad Sci.* **1007:29-36.**

Bulgari D, Zhou C, Hewes RS, Deitcher DL & Levitan ES (2014). Vesicle capture, not delivery, scales up neuropeptide storage in neuroendocrine terminals. Proc Natl Acad Sci U S A.111(9):3597-601

Campbell Burton CA, Holmes J, Murray J, Gillespie D, Lightbody CE, Watkins CL & Knapp P (2011). Interventions for treating anxiety after stroke. Cochrane Database Syst Rev. (12): CD008860. PubMed ID: 22161439.

Centonze D, Grande C, Martin AB, Pisani A, Tognazzi N, Calabresi P. et al (2003). Receptor subtypes involved in the presynaptic and postsynaptic actions of dopamine on striatal interneurons. *J Neurosci.* 23:6245-54.

Chatopadhvay A (Ed) (2007) Serotonin Receptors in Neurobiology. Boca Raton (FL): CRC Press.

Charbogne P, Kieffer BL, Befort K (2014). 15 years of genetic approaches in vivo for addiction research: Opioid receptor and peptide gene knockout in mouse models of drug abuse. Neuropharmacology. 76 Pt B:204-17

Christodoulou J, Weaving LS (2003). MECP2 and beyond: phenotype-genotype correlations in Rett syndrome. *J Child Neurol.* 18:669-74.

Colović MB, Krstić DZ, Lazarević-Pašti TD, Bondžić AM & Vasić VM (2013) Acetylcholinesterase inhibitors: pharmacology and toxicology. Curr Neuropharmacol. 11(3):315-35.

Consolazione A & Cuello AC. (1982). CNS Serotonergic pathways. IN: The biology of sertonergic transmission. NY. J. Wiley &s Sons.

Crick F. (1984). Function of the thalamic reticular complex: the searchlight hypothesis. Proc. *Natl. Acad. Sci.* USA. 81: 4586-4590.

Crick F & Koch C (2003) A framework for consciousness. Nat. Neurosci. 6:119-26.

Dan B & Boyd SG. (2003). Angelman syndrome reviewed from a neurophysiological perspective. The UBE3A-GABRB3 hypothesis. *Neuropediatrics.* 34:169-76.

Dong HW & Swanson LW (2006). Projections from bed nuclei of the stria terminalis, dorsomedial nucleus: implications for cerebral hemisphere integration of neuroendocrine, autonomic, and drinking responses. J Comp Neurol. 494(1):75-178.

Faulkner MA & Singh SP (2013). Neurogenetic disorders and treatment of associated seizures. Pharmacotherapy. 33(3):330-43

Gainetdinov RR, Bohn LM, Sotnikova TD, Cyr M, Laakso A, Macrae AD, Torres GE, Kim KM, Lefkowitz RJ, Caron MG, Premont RT. (2003). Dopaminergic supersensitivity in G protein-coupled receptor kinase 6-deficient mice. *Neuron.* 2003 38:291-303.

Galvan A & Wichmann T (2007). GABAergic circuits in the basal ganglia and movement disorders. Prog Brain Res. 160:287-312.

Gibson S, Crosby SR & White A (1993) Discrimination between beta-endorphin and beta-lipotrophin in human plasma using two-site immunoradiometric assays. *Clin. Endocrinol.* (Oxf). 39(4):445-53.

Goldman Rakic PS (1996). Regional and cellular fractionation of working memory, *Proc Natl Acad Sci* U S A. 93: 13473–13480.

Gorska-Andrzejak J, Stowers RS, Borycz J, Kostyleva R, Schwarz TL, Meinertzhagen IA. (2003). Mitochondria are redistributed in Drosophila photoreceptors lacking milton, a kinesin-associated protein. *J Comp Neurol.* 463:372-88.

Guillery RW, Feig SL & Lozsádi DA (1998). Paying Attention to the reticular nucleus. TINS 21:28-32.

Helpap P. und Hempel K. (1969). Über den Katecholamin-stoffweschel des carotiskörperchens der ratte. *Virchows Arch. Abteilung B.Zell Path.* **3: 270-81.**

Hobson A (2001) The Dream Drugstore. A Bradford Book, MIT Press.

Ivry RB & Fiez JA (2000). Cerebellar contributions to cognition and imagery. IN: The New Cognitive Neurosciences. Gazzaniga MS, MIT Press.

Jahnsen H. Llinas R.R. (1983). Ionic Basis for the electroresponsiveness and oscillatory properties of guinea pig thalamic neurons *in vitro* **J. Physiol. 349: 227-248.**

Jones EG (2002). Thalamic organization and function after Cajal. *Prog. Brain. Res.* **136: 333-357.**

Jones EG (1998). A new view of specific and nonspecific thalamo-cortical connections. In: Jasper HH, Descarries I, Castellucci VF & Rossignol F (Eds) Consciousness at the frontiers of neuroscience, Lippincott Raven, Philadelphia.

Jones EG (1985). The Thalamus N.Y. Plenum Press.

Jovanovic JN, Thomas P, Kittler JT, Smart TG & Moss SJ (2004). Brain-derived neurotrophic factor modulates fast synaptic inhibition by regulating GABA(A) receptor phosphorylation, activity, and cell-surface stability. *J Neurosci.* 24: 522-30.

Kawabata H & Zeki S (2004) Neural correlates of beauty. J Neurophysiol. 91:1699-705.

Kayser V, Aubel B, Hamon M, Bourgoin S. (2002). The antimigraine 5-HT 1B/1D receptor agonists, sumatriptan, zolmitriptan and dihydroergotamine, attenuate pain-related behaviour in a rat model of trigeminal pain. *Br J Pharmacol.* **137(8):1287-97.**

Keen-Rhinehart E, Ondek K, Schneider JE (2013) Neuroendocrine regulation of appetitive ingestive behavior. Front Neurosci. 15;7:213.

Koelsch S, Kasper E, Sammler D, Schulze K, Gunter T & Friederici AD. (2004) Music, language and meaning: brain signatures of semantic processing. Nat Neurosci. 7:302-7.

Kirouac GJ, Parsons MP & Li S (2006) Innervation of the

paraventricular nucleus of the thalamus from cocaine and amphetamine regulated transcript (CART) containing neurons of the hypothalamus. J. Comp. Neurol. 497: 155-65.

Laberge D. (2000). Networks of Attention, in Gazzaniga MS. Ed. The new cognitive neurosciences. Cambridge, Mass. MIT

Lambert GA, Hoskin KL, Michalicek J, Panahi SE, Truong L & Zagami AS (2014). Stimulation of dural vessels excites the SI somatosensory cortex of the cat via a relay in the thalamus. Cephalalgia. 34(4):243-57.

Law S, Derry S & Moore RA (2013). Triptans for acute cluster headache. Cochrane Database Syst Rev. 7:CD008042. PubMed ID: 24353996.

Lee MA, Thompson PA & Meltzer HY (1994). Effects of clozapine on cognitive function in schizophrenia. *J. Clin. Psychiatry* 55, 82 – 87.

Leucht S, Samara M, Heres S, Patel MX, Woods SW & Davis JM (2014). Dose equivalents for second-generation antipsychotics: the minimum effective dose method. Schizophr Bull. 40(2):314-26.

Leucht S, Cipriani A, Spineli L, Mavridis D, Kissling W, Lässig B, Davis JM et al (2013). Comparative efficacy and tolerability of 15 antipsychotic drugs in schizophrenia: a multiple-treatments meta-analysis. Lancet. 382(9896):951-62.

Lorente de Nó R (1938) Architectonics and structure of the cerebral cortex. In: Physiology of the Nervous System. Ed. Fulton JF. 291-330. NY. Oxford Univ. Press.

Marshall LH & Magoun HW (1998) Discoveries in the Human Brain. Humana Press, Inc. Totowa NJ.

Mastorakos G & Ilias I. (2003). Maternal and fetal hypothalamic-pituitary-adrenal axes during pregnancy and postpartum. *Ann N Y Acad Sci.* **997:136-49.**

Mc Farland NR & Haber SN (2000). Thalamic Relay nuclei of the basal ganglia form both reciprocal and nonreciprocal cortical connections, linking múltiple frontal cortical áreas. *J. Neurosci.* **20:3798-3813.**

McRee RC, Terry-Ferguson M, Langlais PJ, Chen Y, Nalwalk JW, Blumenstock FA, Hough LB (2000). Increased histamine release and granulocytes within the thalamus of a rat model of Wernicke's encephalopathy. *Brain Res.* 858:227-36.

Melcher D & Bacci F (2013). Perception of emotion in abstract artworks: a multidisciplinary approach. Prog Brain Res. 204: 191-216

Metz-Lutz MN, Namer IJ, Gounot D, Kleitz C, Armspach JP, Kehrli P. (2000). Language functional neuroimaging changes following focal left thalamic infarction. *Neuroreport* 11:2907-12.

Miyashita T & Williams CL. (2003)Enhancement noradrenergic neurotransmission in the nucleus of the solitary tract modulates memory storage processes. *Brain Res.* 987:164-75.

Mondragon S, Lamarche M. (1990). Suppression of motor seizures after specific thalamotomy in chronic epileptic monkeys. *Epilepsy Res.* 5:137-45.

Morrison JH & Foote SL. (1986). Noradrenergic and serotoninergic innervation of cortical, thalamic and tectal visual structures in old and new world monkeys. *J. Comp. Neurol.* 243:117-138.

Mukda S, Møller M, Ebadi M, & Govitrapong P (2009). The modulatory effect of substance P on rat pineal norepinephrine release and melatonin secretion. Neurosci Lett. 461(3):258-61.

O'Hara PT, Lieberman AR, Hunt S.P. Wu JY. (1983). Neural elements containing glutamic acid decarboxylase (GAD) in the dorsal lateral geniculate nucleus of the rat; immunohistochemical studies by light and electron microscopy. Neuroscience 8:189-211.

Pandya DN & Seltzer B (1982). Intrinsic connections and architectonics of posterior parietal cortex in the rhesus monkey. J Comp Neurol. 204:196-210

Papez JW (1937) A proposed mechanism of emotion. Arch. Neurol. Psychiatry 38:725-744. Cit In: Ono Taketoshi & Hishijo Hisao. Neurophysiological Basis of Emotion in Primates: Neuronal Responses in the Monkey Amygdala and Anterior Cingulate Cortex. Cap 76.

Penfield W & Roberts L (1959). Speech and brain mechanisms. Princeton NJ. Princeton University Press.

Petersen DR (1985). Aldehyde dehydrogenase and aldehyde reductase in isolated bovine brain microvessels. Alcohol. 2(1):79-83

Petersen SE, Robinson DL & Morris JD (1987). Contribution of the pulvinar to visual spatial attention. *Neuropsychologia* 25:917-105.

Prensa L, Giménez-Amaya JM, Parent A, Bernácer J, Cebrián C. (2009) The nigrostriatal pathway: axonal collateralization and compartmental specificity. J Neural Transm. Suppl. (73):49-58.

Price JL (2005) Free-Will versus Survival: Brain systems that underlie intrinsic constraints on behavior. J. Comp. Neurol. 493:132-9.

Reppert SM, Weaver DR & Godson C (1996). Melatonin receptors step into the light: Cloning and classification of

subtypes. *Trends Pharmacol.* Sci. 17:100-102.

Ribary U (2005) Dynamics of Thalamo-cortical networks oscillations in human perception. Prog. Brain Res. 150:127-142

Robbins TW & Everitt BJ (1995) Arousal Systems and Attention. In . Gazzaniga M (1995) The Cognitive Neurosience. Cap. 44. MIT Press.

Romansky L M, Guiguerre M, Bates JJ, & Goldman-Rakic PS (1997). Topographic organization of medial pulvinar connections with the prefrontal cortex in the rhesus monkey *J. Comp.Neurol.* 379:313-332.

Romo R, Ruiz S & Crespo P (1991). Cortical Representation of touch. IN: Rudomin P, Arbib MA, Cervantes Perez F & Romo R. Neuroscience: From Neuronal Networks to Artificial Intelligence. Springer Verlag, Heidelberg.

Shan L, Bossers K, Unmehopa U, Bao AM & Swaab DF (2012). Alterations in the histaminergic system in Alzheimer's disease: a postmortem study. Neurobiol Aging. 33(11):2585-98.

Schiff N, Ribary U, Plum F & Llinás R (1999). Words without mind. J. cogn. *Neurosci.* 11:650-6.

Schnell A, Albrecht U & Sandrelli F (2014). Rhythm and Mood: Relationships Between the Circadian Clock and Mood-Related Behavior. Behav Neurosci. 2014 Mar 24.

Shute CCD & Lewis PR (1963) Cholinesterase containing systems in the brain of the rat. Nature 199:1160-4. Cit en: Toga AW Human Brain Mapping (2000) Academic Press.

Silkis IG. (1996) Activation by GABAb, reduction of the intracellular concentration of Ca++, and inhibition of protein kinases are possible mechanisms of the long-term posttetanic modification of the efficiency of inhibitory transmission in the new cortex. Neurosci Behav Physiol. 26:88-97

Snell RS. (2009) Clinical Neuroanatomy 7 Th edition. Lippincott Raven Press.

Spiller R. (2002). Serotonergic modulating drugs for functional gastrointestinal diseases. *Br J Clin Pharmacol.* 54:11-20.

Squire LR, Amaral DG, Zola-Morgan S, Kritchevsky M & Press G (1989) Description of brain injury in the amnesic patient N.A. based on magnetic resonance imaging. Exp. Neurol. 105:23-35

Stuart AE. (1999). From fruit flies to barnacles, histamine is the neurotransmitter of arthropod photoreceptors.*Neuron.*22:431-3.

Swanson LW (2005) Anatomy of the soul as reflected in the cerebral hemispheres: neural circuits underlying voluntary control of basic motivated behaviors. J. Comp. Neurol. 493:122-31.

Talley NJ. (2003). Evaluation of drug treatment in irritable bowel syndrome. *Br J Clin Pharmacol.* 56(4):362-9.

Tork I (1990). Anatomy of serotoninergic system. *Ann. NY. Acad. Sci.* 600:9-34.

Ullman M.T., Corkin S, Coppola M, Hickock G, Growdon, JH, Koroshetz WJ & Pinker S. (1997) A neural dissociation within language: Evidence that the mental dictionary is part of declarative memory, and that grammatical rules are processed by the procedural system. J. Cogn. Neurosci. (9) 2:266-276

Von der Malsburg C. (1999) The What and Why of Binding: Modeler's perspective. Neuron: 24:95-104.

Wabno J & Hess G (2013. Repeated administration of imipramine modifies GABAergic transmission in rat frontal cortex. J Neural Transm. 120(5):711-9.

Wang W, Poole B, Mitra A, Falk S, Fantuzzi G, Lucia S, Schrier R (2004). Role of leptin deficiency in early acute renal failure during endotoxemia in ob/ob mice. *J Am Soc Nephrol.* 15:645-9.

Wihlback AC, Sundstrom Poromaa I, Bixo M, Allard P, Mjorndal T, Spigset O (2004). Influence of menstrual cycle on platelet serotonin uptake site and serotonin2A receptor binding *Psychoneuroendocrinology.* 29:757-66.

Yan Z (2002) Regulation of GABAergic inhibition by serotonin signaling in prefrontal cortex:molecular mechanisms and functional implications. Mol Neurobiol. 26(2-3):203-16.

Zambrano (2014) Neuroepistemología para llevar en el bolsillo. Editorial Herder.

Zambrano Y (2014 a) La Compleja Maquinaria Funcionando. Telaraña Editores Colección ADNeural.

Zambrano Y (2014 b) Los Niveles de Percepción Extrasensorial. NBI Editores

Zambrano Y (2014 c) Hablando se Entiende la Gente. NBI editores.

Zambrano Y (2014 d) SexCualidad y Cerebro. Ensayos Neuroepistemológicos: Sexo y Cerebro. NBI editores.

Zatorre RJ & Halpern AR (2005). Mental concerts: musical imagery in auditory cortex. Neuron. 47:9-12.

Zigmond MJ, Squire L, Bloom FE, Mc Connell SK, Roberts JL, Spitzer NC (2003) Fundamental Neuroscience. Academic Press. Second Ed.